高等职业教育机械类专业系列教材

模具零件电加工技术

主　编　钱子龙　　刘志生

副主编　陈叶娣

参　编　陈　林

主　审　陆建军

机械工业出版社

本书以模具零件的电切削编程加工为主线进行编写,全书主要由两大项目组成:项目1为模具零件电火花成形加工;项目2为模具零件电火花线切割加工。项目1设置了电火花成形机床安全操作规程编制、加工准备、多电极更换法型腔加工、单电极平动法型腔加工、锥形型腔加工五个任务,项目2设置了电火花线切割机床安全操作规程编制、电火花线切割加工工艺分析、凸模类零件电火花线切割编程加工、凹模类零件电火花线切割编程加工、NSC-WireCut软件自动编程五个任务,并在讲述任务的过程中融入了相关理论知识,贴合实际,使理论与实际有机结合。

本书为高等职业院校模具设计与制造及机械类相关专业教学用书,也可供相关从业人员参考。

本书配有电子课件,选用本书作为教材的教师可登录机械工业出版社教育服务网(http://www.cmpedu.com),注册后免费下载。咨询电话:010-88379375。

图书在版编目(CIP)数据

模具零件电加工技术/钱子龙,刘志生主编. —北京:机械工业出版社,2021.5(2025.1重印)

高等职业教育机械类专业系列教材

ISBN 978-7-111-68028-4

Ⅰ.①模… Ⅱ.①钱…②刘… Ⅲ.①模具-零件-电加工-高等职业教育-教材 Ⅳ.①TG760.6

中国版本图书馆 CIP 数据核字(2021)第 068453 号

机械工业出版社(北京市百万庄大街22号 邮政编码100037)

策划编辑:王海峰 于奇慧 责任编辑:于奇慧 赵文婕
责任校对:张 征 封面设计:马精明
责任印制:单爱军

北京虎彩文化传播有限公司印刷

2025年1月第1版第4次印刷

184mm×260mm·11.5印张·279千字

标准书号:ISBN 978-7-111-68028-4

定价:36.00元

电话服务 网络服务

客服电话:010-88361066 机 工 官 网:www.cmpbook.com
　　　　　010-88379833 机 工 官 博:weibo.com/cmp1952
　　　　　010-68326294 金 书 网:www.golden-book.com
封底无防伪标均为盗版 机工教育服务网:www.cmpedu.com

前　言

电火花加工技术是基于脉冲放电时的电蚀原理，因而可以加工任何具有硬、脆、韧、软、高熔点等物理特性的金属材料，以及包括窄槽、深小孔在内的各种复杂零件，现已广泛应用于国民经济各个制造部门及国防工业与科学研究中，并成为模具加工中的重要加工方法。

电火花加工技术发展至今，技术已比较成熟，各类数控电火花成形机床也都比较完善和稳定。了解和熟悉数控电火花加工工艺的操作者，可以最大限度地挖掘数控电火花加工机床的潜力，获得尚佳的工艺效果。了解和学会操作电火花加工机床还是比较容易的，但要用其加工出高精密复杂模具零件则有很大难度。

为帮助广大模具加工从业人员学习和深入了解电火花加工原理及工艺知识，编者在总结多年的实训教学和实践体会的基础上编写了本书，希望能有助于相关模具零件加工从业人员学习，争取创造出更大的效益。

本书由钱子龙、刘志生担任主编，陈叶娣担任副主编，常州明杰模具有限公司陈林参与编写。全书由陆建军主审。

具体的写作分工如下：项目 1 中的任务 1 由陈叶娣编写，任务 2~5 由刘志生编写；项目 2 中的任务 1~3、任务 5 由钱子龙编写，任务 4 由陈林编写。全书由钱子龙负责统稿。

在编写过程中，江苏省模具工业协会资深专家、常州机电职业技术学院柴建国教授给予了大力支持和热情指导，常州机电职业技术学院、常州科教城现代工业中心模具实训基地等单位为编写工作提供了大量试验条件，沙迪克机电（上海）有限公司、苏州新火花机床有限公司、北京阿奇夏米尔技术服务有限责任公司、苏州三光科技股份公司等单位提供了许多宝贵资料，在此表示衷心感谢！

由于编者水平有限，书中难免有不妥之处，望广大专家、读者批评指正。

编　者

目　录

项目1 模具零件电火花成形加工

任务1 电火花成形机床安全操作规程编制

【任务导入】

由于电火花加工直接利用电能，在进行电火花加工时工具电极等裸露部分有 $100\sim300V$ 的高电压，高频脉冲电源工作时向周围发射一定强度的高频电磁波，所以人体离得过近或受辐射时间过长时，会影响人体健康。此外，电火花加工采用煤油作为工作液，煤油在常温下挥发的煤油蒸气含有烷烃、芳烃、环烃和少量烯烃等有机成分，若长期大量被人体吸入，则不利于人体健康。在煤油中长时间脉冲火花放电，煤油在瞬时局部高温下会分解出氢气、乙炔、乙烯、甲烷，还有少量一氧化碳（约 0.1%）和大量油雾烟气，遇明火很容易燃烧，引起火灾，且这些气体被人体吸入后会对呼吸器官和中枢神经造成不同程度的危害。因此，人体防触电等技术和安全防火非常重要，这也是本任务的学习目的。

通过学习相关知识，本任务需完成图 1-1 所示电火花成形机床的安全操作规程制定，并提出对机床进行维护保养的具体方法。

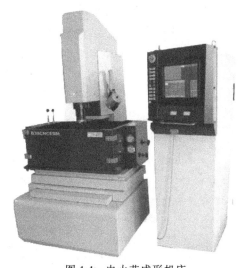

图 1-1　电火花成形机床
（苏州新火花 SPM400B）

【相关知识】

1.1.1　电火花加工发展史

电火花加工是在一定介质中，利用两极（工具电极与工件电极）之间脉冲火花放电时的电蚀现象对材料进行加工，以达到一定的形状尺寸和表面粗糙度要求的加工方法。因为在加工过程中会产生大量火花，人们根据这一现象，把这种加工方法称为电火花加工，又称为放电加工或电蚀加工。

一百多年前，人们在日常生活中就发现插头和电器开关的触头在开闭时，会产生蓝白色的电火花而使其接触部位烧蚀损坏。这种由放电所引起的电极烧蚀现象，通常称为电蚀现象。长期以来，人们为了延长电器触头的使用寿命，曾对电蚀现象进行了大量的研究，并提出了许多有效的耐蚀办法。与此同时，人们逐渐认识了产生电蚀的原因。当极间产生火花放电时，会在放电通道中产生大量的热，致使电极表面的局部金属瞬时熔化和汽化。此后，科学家们为了有效地利用电蚀现象，又进行了许多有益的尝试。20世纪初，科学家们又发现，在介电液中放电时，会产生许多金属粉末。苏联科学家 B.P 拉扎连柯教授为了解释和应用这种现象，积极开展研究工作，并于 1943 年成功地利用电蚀原理在金属工件上打出了小孔，创立了电蚀加工法，也称为电火花加工法。1944 年，苏联制造了第一台电火花穿孔机床。1956 年，出现了电脉冲机床（其电源为脉冲发电机）。1958 年，出现了靠模线切割电火花加工机床。

20世纪60年代初，出现了晶体管脉冲电源和晶闸管脉冲电源。1964 年，研制成了工具电极低损耗电源。1968 年，研制成了电火花加工的适应控制系统。在这期间，电火花线切割加工也得到很大发展。20世纪60年代中期，先后研制成了光电跟踪电火花线切割机床和数控电火花线切割机床。1972 年，国际上首次展出计算机数字控制电火花线切割机床（CNC）。1973 年，又展出了直接数字控制电火花线切割机床（DNC）。此后，数控电火花成形加工机床也进入了一个高速发展阶段。电火花加工设备日趋完善，加工精度越来越高，并普遍采用数字控制和智能控制。

20世纪80年代末至90年代初，电加工设备在加工精度和功能扩展方面都进入了一个飞速发展的阶段。电火花加工从创立到现在，已有70多年的历史，发展速度是惊人的。

1.1.2 电火花加工的基本概念

1. 常用名词术语

为了便于电加工技术的国内外交流，中国机械工程学会特种加工分会统一编写了一套电火花加工名词术语。为了方便出版和教学，本书节选了部分常用名词术语，见表1-1。

表 1-1 电火花加工部分常用名词术语

序号	术语名称	术语定义
1	电火花加工放电加工	在一定的加工介质中，通过工具电极和工件电极(简称工件)之间的火花放电或短电弧放电的电蚀作用对材料进行加工的方法,简称 EDM
2	电火花成形加工	采用成形电极作为工具电极，通过工具电极相对工件做进给运动而把成形电极的形状、尺寸复制在工件上的加工方法
3	电火花线切割加工	采用线状电极作为工具电极的电火花加工
4	放电	绝缘介质(气体、液体或固体)被电场击穿而形成高密度电流通过的现象
5	放电通道	又称电离通道或等离子通道,是介质击穿后极间形成导电的等离子体通道
6	放电间隙	在进行电火花加工时,工具电极和工件之间产生火花放电的距离间隙。它的大小一般为 0.01~0.5mm。粗加工时放电间隙较大;精加工时放电间隙较小。放电间隙又可分为底面间隙(工具电极的底面与工件之间的间隙)和侧向间隙(工具电极的侧面与工件之间的间隙)

（续）

序号	术语名称	术语定义
7	电蚀	在电火花放电的作用下,蚀除工件与工具电极材料的现象
8	电蚀产物	工作液中电火花放电时的生成物。它主要包括从两极上电蚀下来的金属材料微粒和工作液分解出来的气体和炭粒等
9	金属转移	放电过程中,一极的金属转移到另一极的现象,又称覆盖效应
10	加工电压 U	正常加工时,间隙两端电压的平均值。亦即一般所指的电压表上指示的电压平均值
11	加工电流 I	又称峰值电流,是指脉冲电源输出的峰值电流,是通过加工间隙电流的平均值,亦即一般所指的电流表上的读数
12	脉冲宽度 t_i	一次放电加到间隙两端的电压脉冲的持续时间
13	脉冲间隔 t_0	一次不放电的脉冲间隔时间
14	电参数	电加工过程中的电压、电流、脉冲宽度、脉冲间隔、功率和能量等参数
15	电规准	电加工所用的一组电压、电流、脉冲宽度、脉冲间隔等电参数
16	短路	工件与工具电极直接相接,即短路。短路时电流很大,但没有电蚀加工作用
17	加工速度	在一定的电规准下,单位时间 t 内工件被蚀除的体积 V 或质量 m
18	电极损耗速度	在一定的电规准下,单位时间 t 内工具电极被蚀除的体积或质量 m
19	正极性	工件接正极,工具电极接负极,称为正极性
20	负极性	工件接负极,工具电极接正极,称为负极性,又称为反极性

2. 电火花加工的极性效应

电火花加工过程中，两极都会受到电蚀，但由于所接电源的极性不同，两极的蚀除量不同，这种现象称为极性效应。通常把工件接正极时的电火花加工称为正极性加工，把工件接负极时的电火花加工称为负极性加工。

产生极性效应的主要原因是：电火花加工时，在电场的作用下，放电通道中电子和正离子分别奔向阳极和阴极，由于电子的质量小、惯性小，在短时间内容易获得高速度，正离子则相反，所以在脉冲放电初期（放电时间小于 $50\mu s$），电子对阳极的轰击多于正离子对阴极的轰击，此时阳极的蚀除量大于阴极。随着放电时间的增长（放电时间大于 $300\mu s$），正离子足以获得较高的速度，由于正离子质量大，它对阴极轰击的能量大，所以此时阴极的蚀除量大于阳极。由此可见，放电时间是影响极性效应的重要因素。

从提高生产率和减少工具电极损耗的角度来看，极性效应越显著越好。采用短脉冲进行精加工时，应选用正极性加工；采用长脉冲进行粗加工时，应选用负极性加工。

由于不同金属的熔点、沸点和导热系数等不同，电极材料不同，所以其极性效应也不同。事实上，极性效应是许多因素综合影响的结果。在实际生产中，极性的选择主要依靠机床参数表或通过试验确定。

1.1.3 电火花加工的特点及应用

1. 电火花加工的特点

（1）优点 电火花加工是利用脉冲放电时的电蚀现象进行加工的，而不是像传统机械加工那样依靠切削力。与机械加工相比，电火花加工具有以下优点：

1）由于电火花加工是基于脉冲放电时的电蚀原理，所以可以加工导电或半导电的金属材料。对于电火花加工来说，材料的可加工性主要与材料的导电性及热学特性（熔点、汽化点、比热容、热传导率、电阻率等）有关，而与其力学性能（硬度、抗拉及抗压强度等）几乎无关。因此，电火花加工可以突破传统金属切削加工对刀具的限制，用材质相对较软的工具电极加工硬度数倍于工具电极的工件材料，实现以柔克刚。

2）电火花加工时，工具电极与工件材料不接触，火花放电时虽然有液体气化、爆炸等形成的相向作用力，但与纯机械加工比较，两者之间的宏观作用力要小得多，工具材料不必比工件材料硬，因而工具电极制造容易。加工时宏观作用力甚微还有利于小孔、薄壁、窄槽及各种复杂截面的型孔、型腔等零件的加工，也适用于精密微细加工。

3）脉冲放电的持续时间很短，放电时所产生的热量来不及散出，因此材料被加工表面受热影响的范围极小，最大限度地保持了被加工材料原有的热学、力学特性。

4）脉冲参数可以在一个较大的范围内调节，故可以在同一台机床上连续进行粗、中、精等加工工序，以达到被加工件所需的工艺要求。

5）易于实现加工过程的自动化。由于电火花加工的能量直接来自于电能，并由若干个电参数来控制其能量，电参数较机械量更容易实现数字控制、适应控制和智能化控制，使无人化操作成为可能。

（2）局限性　电火花加工虽然有很多优点，但也有一定的局限性，具体如下：

1）电火花加工主要用于金属等导电材料的加工，不能加工塑料、陶瓷等绝缘材料。

2）电火花加工的加工效率相对切削加工而言较低。为了提高加工效率，目前在电极材料、加工工艺、电源性能、电介质性能等诸多方面都在进行同步改进。

3）电火花加工存在不同程度上的电极损耗。电火花加工靠电、热来蚀除金属，虽然有诸多的加工效应来保证大多数的蚀除效应发生在工件上，但工具电极材料本身也会不可避免地发生不同程度的损耗。工具电极材料的损耗直接影响工件的几何精度。

4）加工表面存在不同程度的变质层。电火花加工是利用脉冲放电时产生的瞬间高温对金属产生蚀除效应的一种加工方式，高温会使金属表面的金相结构发生微量变化，其厚度会随着电规准的变化而变化。

2. 电火花加工的应用

由于电火花加工具有机械加工不具备的特点，现已被广泛应用于制造领域及国防工业生产与科学研究中。其机床种类和应用形式是多种多样的，但按其工艺过程中的工具电极与工件相对运动形式和作用不同，电火花加工可分为电火花成形加工（包括电火花穿孔和型腔电火花加工）、电火花线切割加工、电火花磨削加工、电火花展成加工、电火花表面强化、非金属电火花加工及其他电火花加工形式。其中又以电火花成形加工和电火花线切割加工应用最为广泛。

（1）电火花成形加工　这种加工方式是通过工具电极相对于工件做进给运动，通过放电，把工具电极的形状和尺寸复制在工件上，从而加工出所需的零件。这种加工方式可以分为电火花穿孔和型腔加工两类。在电火花成形加工中，除了工具电极相对于工件做进给运动外，必要时还可伴随其他轴的辅助运动以提高加工性能。电火花成形加工常用来加工各类型腔模具。

（2）电火花线切割加工　和电火花成形加工方式不同，电火花线切割加工的加工原理不是靠成形工具电极把尺寸和形状复制在工件上，而是用移动的线状电极丝按预定的轨迹进行切割加工。其运动轨迹可以用靠模、光电跟踪或数字程序等方式来控制。电火花线切割加工常用来制作各类冲压模具。

（3）电火花磨削加工 这种加工方式实际上是应用机械磨削的成形运动进行电火花加工。电火花磨削加工的工具电极和工件之间做相对运动，这种相对运动可以是平面运动，也可以是回转运动。在加工过程中，不需要电火花成形加工中的伺服进给运动。电火花磨削加工主要用于磨削平面、内圆、外圆、小孔、深孔，以及成形镗磨和铲磨等。

（4）电火花展成加工 这种加工方式是利用成形工具电极与工件做相对应的展成运动（回转、回摆或往复运动等），使两者相对应的点保持固定重合的关系，逐点进行电火花加工。它的特点是工具电极与工件相互接近的部位的切向相对运动线速度甚小，有时几乎为零。目前应用较广的是共轭回转加工，如螺纹环规、丝规、小模数齿轮、内螺旋齿轮等回转体零件加工。此外，还有棱面展成加工、锥面展成加工、螺旋面展成加工等。

（5）电火花表面强化 这种加工方法一般是以空气为极间介质，工具电极相对于工件做小振幅的振动，两者时而短接，时而离开。在这个过程中产生脉冲式的火花放电，使空气中的氮或工具电极中的元素渗透到工件内部，以改善工件表面的力学性能。电火花表面强化主要用于金属表面渗氮、渗碳或涂覆特殊材料，也可用于金属表面高速淬火。

1.1.4 电火花成形加工基本原理

脉冲电源的一极接工具电极，另一极接工件，两极均浸入具有一定绝缘度的工作液（常用煤油或矿物油或去离子水）中。工具电极由进给系统控制，以保证工具电极与工件在正常加工时维持很小的放电间隙（0.01~0.05mm），如图1-2所示。当脉冲电压加到两极之间时，便将当时条件下极间最近点的工作液击穿，形成放电通道。由于通道的截面积很小，放电时间极短，致使能量高度集中（10~107W/mm），放电区域产生的瞬时高温足以使材料熔化甚至蒸发，以致形成一个小凹坑。第一次脉冲放电结束之后，经过很短的时间间隔，第二个脉冲又在另一极间最近点击穿放电。如此高频率地循环下去，工具电极不断地向工件进给，使其形状

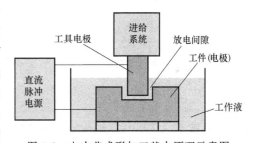

图1-2 电火花成形加工基本原理示意图

最终复制在工件上，形成所需要的加工表面。与此同时，总能量的一小部分也释放到工具电极上，造成工具电极损耗。

一个完整的脉冲放电过程可分为五个连续的阶段：电离、放电、热膨胀、抛出金属和消电离。

1. 电离

当在充满工作液的工具电极与工件之间加上一定电压时，如图1-3所示，由于工件和工具电极表面存在着微观的凹凸不平，在两者相距最近的点上电场强度最大，会使附近的工作液首先被电离成为自由电子和正离子。

2. 放电

在电场力的作用下，电子高速奔向阳极，正离子奔向阴极，并在跑动中相互碰撞，产生火花放电，形成放电通道。如图1-4所示，在这个过程中，两极间工作液的电阻从绝缘状态

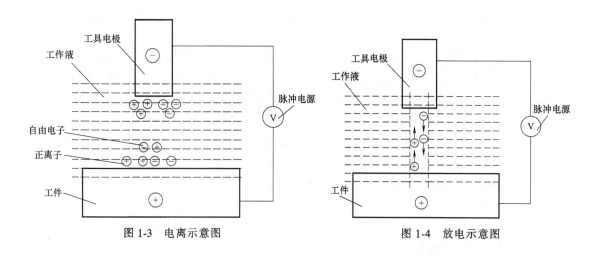

图 1-3　电离示意图　　　　　　　　　　图 1-4　放电示意图

的几兆欧姆骤降到几分之一欧姆。由于放电通道受放电时磁场力和周围工作液的作用，其截面积极小，在每平方厘米面积上的电流强度可达 $10^5 \sim 10^6 \mathrm{A}$。

3. 热膨胀

由于放电通道中分别朝着正极和负极高速运动的电子和正离子相互间发生碰撞，产生大量的热能，再加上高速运动着的电子和正离子流分别撞击工件和工具电极表面，将动能也转化为热能，这样在两极之间沿通道形成了一个温度高达 10000~12000℃ 的瞬时高温热源。在该热源作用区的工具电极和工件表面的金属很快被熔化，甚至汽化。而电流通道周围的工作液一部分被汽化，另一部分被通道作用区的高温热源分解为游离的炭黑和氢气（H_2）、乙炔（C_2H_2）、乙烯（C_2H_4）、甲烷（CH_4）等，这些汽化后的金属和工作液蒸汽在瞬间（$10^{-7} \sim 10^{-5} \mathrm{s}$）的热量来不及散发，在工作液内生成气泡，迅速膨胀、爆炸，使工具电极和工件间冒出小气泡和黑色的液体，同时溅出闪亮的火花，并伴随噼啪声响，如图 1-5 所示。

4. 抛出金属

由于热膨胀具有爆炸特性，可将熔化和汽化后的金属残渣通过爆炸力抛入工件和电极附近的工作液中，金属残渣经冷却、凝固形成细小的圆球颗粒（直径一般为 0.1~500μm），而电极表面则形成了一个周围凸起的微小圆形凹坑，如图 1-6 所示。

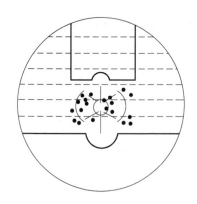 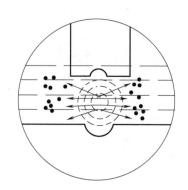

图 1-5　热膨胀示意图　　　　　　　　图 1-6　抛出金属示意图

5. 消电离

使放电区的带电粒子复合为中性粒子的过程，称为消电离。在火花放电的过程中，通过热膨胀并不能将所有的金属残渣全部抛出工件和电极的放电区，在一次脉冲放电后应有一段间隔时间，使间隙内的介质来得及消电离并恢复绝缘状态，让蚀除物尽快排出，以实现下一次脉冲击穿放电。如果电蚀产物和气泡来不及很快排出，就会改变间隙内介质的成分和绝缘强度，破坏消电离过程，易使脉冲放电转变为连续电弧放电，从而影响加工。

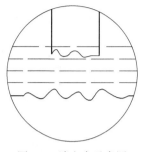

图 1-7　消电离示意图

一次脉冲放电之后，两极间的电压急剧下降到接近于零，间隙内的介质立即恢复到绝缘状态，如图 1-7 所示。当第二次脉冲时，两极间的电压再次升高，在另一处工件和工具电极靠的最近的点又一次发生脉冲放电的过程。以此类推，随着工件的不断移动，工具电极所到之处不断被电蚀，最终实现整个工件的加工。

1.1.5　电火花成形加工主要工艺指标

电火花成形加工比一般的金属切削加工要复杂得多的，是一种兼具物理和电化学性质的加工过程。电火花加工是对工件实施放电蚀除，从而达到加工成形的目的，这种加工特性决定了其加工工艺效果具有某些综合性和复杂性。因此，不能简单地借用一般的金属切削加工的评价方法来评价电火花加工的工艺效果，而应当着重考虑加工设备本身的性能指标。由此，引入了加工速度、加工精度、表面质量、电极损耗等指标来衡量电火花加工的工艺效果。

1. 加工速度

电火花的加工速度是指在一定的电规准下，单位时间 t 内工件被蚀除的体积 V 或质量 m。

一般采用体积加工速度 v_{V}，即

$$v_{\mathrm{V}} = \frac{V}{t}$$

式中　v_{V}——单位时间内工件被蚀除的体积，简称体积加工速度；

　　　V——工件被蚀除的体积；

　　　t——加工所用的时间。

为了测定方便，有时也采用质量加工速度 v_{m}，即

$$v_{\mathrm{m}} = \frac{m}{t}$$

式中　v_{m}——单位时间内工件被蚀除的质量，简称质量加工速度；

　　　m——工件被蚀除的质量；

　　　t——加工所用的时间。

这里说的电规准，是指加工时所采用的一组脉冲参数。

在不同的加工条件下采用相同的加工电流时，加工速度往往也会不同，从而引入加工效率的概念。

加工效率是指在某一特定放电条件下，工件被蚀除的体积或质量，常用体积加工效率 η_V（$mm^3/min \cdot A$）或重量加工效率 η_m（$g/min \cdot A$）来表示。加工效率随加工条件的变化而变化，大体上加工效率随脉冲能量的增大而提高，随排屑条件及工件材料热学性质变化而变化。但不是简单的线性关系，脉冲波形、峰值电流与脉宽的配比、冲油方式与排屑状况、放电的稳定程度都与加工效率有密切关系。通常情况下，有损耗条件的加工效率一般都高于无损耗条件的加工效率。

2. 加工精度

加工精度是指被加工工件的实测尺寸相对于所要求加工的理论尺寸的偏差。它还包括几何形状偏差（如直线度、平面度、圆度、圆柱度、线轮廓度）和位置偏差（如平行度、垂直度、倾斜度、位置度等）。

电火花加工精度的测量方法与传统机械加工测量方法一样，也是采用相关的计量工具测量，包括游标卡尺、千分尺等测量器具，还有利用投影的影像测量仪、数控测量显微镜、三维测量仪、手提式激光扫描测量仪、反射镜的激光（跟踪）干涉测量仪等仪器设备。

3. 表面质量

电火花加工表面是由无数个放电小凹坑组成的，因而无光泽。它的润滑性能和耐磨性能都比机械加工表面好。电火花加工表面质量包括表面粗糙度、表面组织变化层和表面微观缺陷。

4. 电极损耗

在电火花加工过程中，无论是工件还是工具电极都会遭到不同程度的电蚀，当然工具电极损耗越小越好。但在评价工具电极是否耐损耗时，不仅要考虑工具电极的耗损速度 v_e，还要考虑能达到的加工速度 v_w。因此，常采用工具电极相对损耗（简称电极损耗）θ 作为评价工具电极耐损耗的指标，即

$$\theta = \frac{v_e}{v_w} \times 100\%$$

在上式中，当 v_e 和 v_w 以 mm^3/min 为单位计算时，θ 为体积相对损耗。当 v_e 和 v_w 以 g/min 为单位计算时，θ 为质量相对损耗。在等面积加工条件下，也有用加工长度相对损耗来评价的。

1.1.6 影响工艺指标的主要因素

1. 影响加工速度的主要因素

（1）电规准对加工速度的影响 图1-8所示为采用负极性、使用铜电极加工钢件时，加工速度、脉冲宽度和脉冲峰值电流的关系曲线。

由图1-8可知，随着脉冲宽度和脉冲峰值电流的增大，工件的加工速度也随之增大，每条曲线代表不同的脉冲峰值电流，当脉冲峰值电流一定时，增大脉冲宽度可使加工速度得以提升，但达到某区域时继续增大脉宽，加工速度的增长将趋于缓慢，甚至呈负增长。

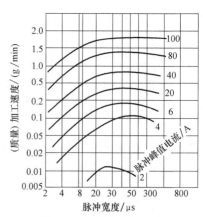

图1-8 电规准与加工速度的关系曲线

需要注意的是，图1-8中没有表明对加工速度有较大影响的脉冲间隔和抬刀、加工深度等参数。过长的脉冲间隔会使加工速度成比例地减少，但脉冲间隔过小会使排屑不畅，引起电弧放电而影响加工速度。当加工到一定的深度后，排屑困难，应使工具电极定时自动抬刀以帮助排屑，尤其是在中、精加工时，虽然抬刀会减少火花放电时间，降低单位时间内的加工速度，但这是为了稳定加工必须执行的操作步骤。图1-8所示的曲线是在合理的、较小的脉冲间隔，较浅或很浅的加工深度，无抬刀运动，中等加工面积和微冲油或不冲油的稳定加工条件下绘制的。

（2）加工面积对加工速度的影响 图1-9所示为加工面积和加工速度的关系曲线。由图1-9可知，当加工面积较大时，它对加工速度没有多大影响。只有加工面积小到某一临界值时，加工速度才显著降低，这种现象称为"面积效应"。因为加工面积小，在单位面积上脉冲放电过于集中，致使放电间隙的电蚀产物排除不畅。同时，会产生气体排除液体的现象，造成放电加工在气体介质中进行，而气体中的放电极易发生短路，使有效的放电次数骤减，导致加工速度大大降低。

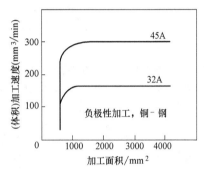

图1-9 加工面积和加工速度的关系曲线

从图1-9中还可以看出，脉冲峰值电流不同，最小临界加工面积也不同。因此，确定一个具体加工对象的电规准时，首先应根据加工面积确定加工电流，并估算所需的脉冲峰值电流。随着加工深度的增加和加工表面复杂程度的增加，也会给排屑带来困难，影响加工速度。

（3）排屑条件对加工速度的影响

1）冲油（或抽油）压力的影响。加工中除较浅型腔可用打、排气孔方法外，一般都要冲油或抽油。图1-10所示为冲油压力和加工速度的关系曲线。由图可知，适当增加冲油压力会使加工速度提高，但冲油压力超过某一数值后，再继续增加，加工速度则略有降低。一般认为冲油压力过大时，干扰了放电间隙的液体动力过程，使加工稳定性变差，加工速度有所降低。

2）抬刀对加工速度的影响。为使放电间隙中的电蚀产物很好排除，除采用冲油（或抽油）外，还需要经常抬起工具电极以利排屑。定时自动抬刀不受放电间隙制约，往往放电间隙状况良好无须抬刀时，工具电极照样抬起；而当放电间隙中的电蚀产物积聚

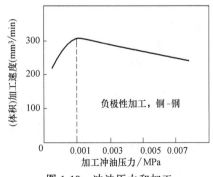

图1-10 冲油压力和加工速度的关系曲线

较多，急需抬刀时，由于时间未到，却不抬起，不能及时排除电蚀产物，造成加工不稳定。这种多余的抬刀运动和因未及时抬刀而破坏正常加工的情况，都直接降低了加工速度。为了弥补定时自动抬刀的不足，可采用自适应自动抬刀的方法。自适应自动抬刀根据放电间隙状况确定是否抬刀。放电状况不好，电蚀产物积聚较多时，抬刀频率自动加快；当放电间隙状况良好时，工具电极就少抬起或不抬。这使电蚀产物的产生与排除基本保持平衡，避免不必

要的工具电极抬起运动，提高了加工速度。

图 1-11 所示为抬刀方式对加工速度的影响。由图可知，在进行相同深度的加工时，采用自适应自动抬刀比定时自动抬刀需要的加工时间短，即加工速度快。同时，采用自适应自动抬刀，加工质量较好，不易出现拉弧烧伤。

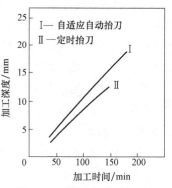

图 1-11 抬刀方式对加工速度的影响关系

（4）工作液对加工速度的影响　在电火花加工过程中，工作液的作用是：①形成火花击穿放电通道，并在放电结束后迅速恢复间隙的绝缘状态；②对放电通道产生压缩作用；③帮助电蚀产物抛出和排除；④对工具电极、工件产生冷却作用。因此，工作液对加工速度也有较大的影响。介电性能好、密度大、黏度大的工作液有利于压缩放电通道，提高放电的能量密度，强化电蚀产物的"抛出效应"，但黏度大不利于电蚀产物的排出，影响正常放电。

目前，电火花成形加工主要采用油类作为工作液，粗加工时采用的脉冲能量大，加工间隙也较大，爆炸排屑抛出能力强，往往选用介电性能好和黏度较大的油品作为工作液；而在中、精加工时，因放电间隙比较小，排屑比较困难，故一般均选用黏度小、流动性好、渗透性好的油品作为工作液。但实际使用时，在加工过程中更换工作液是不切实际的，因此大多采用黏度适中的单一油品。

由于油类工作液气味较大，容易燃烧，尤其在大能量粗加工时工作液高温分解产生的烟气很大，故寻找一种像水那样流动性好、不产生炭黑、不燃烧、无色无味、价廉的工作液一直是努力的目标。水的绝缘性和黏度较低，在同样加工条件下，和煤油相比，水的放电间隙较大，对通道的压缩作用差，蚀除量较少且易锈蚀机床；但采用各种添加剂，可以改善其性能，而且研究成果表明，在水基工作液中进行粗加工时的加工速度大大高于在煤油中的加工速度，但在大面积精加工时用水基工作液取代煤油仍有差距。

2. 影响加工精度的主要因素

影响电火花成形加工精度的因素很多，主要有机床本身的制造精度，工具电极的制造精度，工具电极和工件的装夹定位误差，以及放电加工过程中所产生的放电间隙和电极损耗等。这里主要讨论与电火花成形加工工艺有关的影响因素。

（1）尺寸精度的影响因素　电火花加工时工具电极与工件之间都存在一定的放电间隙，如果加工过程中放电间隙能保持不变，则可以通过修正工具电极的尺寸来进行补偿，也能获得较高的加工精度。然而，在实际加工过程中，加工条件的变化必然会引起放电间隙的变化，直接影响加工精度。实际上，放电间隙的绝对值大小也会影响加工精度，因为间隙越大，其变化的绝对值也越大，特别是在加工形状复杂的工件时，间隙越大，棱角部位的圆角半径也越大。

电规准对放电间隙影响很大，用粗规准进行加工时，放电间隙可达 0.5mm 以上；而用精规准加工时的单面间隙不到 0.01mm。

此外，工具电极损耗的大小也会直接影响加工尺寸精度。

（2）形状精度的影响因素　电火花加工时，通常会产生侧面斜度，即上端的尺寸比下端的尺寸大一些。产生侧面斜度的原因是"二次放电"和工具电极损耗。"二次放电"是指已加工过的表面，由于电蚀产物的混入使极间实际距离减小或是极间工作液的介电性能降低，从而再次发生脉冲放电的现象。二次放电的结果是使间隙扩大。在进行深度加工时，上端入口处的加工时间长，产生二次放电的机会多，间隙扩大量也大；接近底端的侧面，因加工时间短，二次放电的机会少，间隙扩大量也小，因而加工时侧面会产生斜度。精规准加工时，放电间隙小，侧面斜度也小。

工具电极损耗也会产生斜度。因为工具电极的下端加工时间长，绝对损耗大，而上端加工时间短，绝对损耗小，使电极形成一个有斜度的锥形电极。

加工冲裁模凹模时，可以有效地利用电火花加工形成的斜度，即电火花成形的凹模下端为冲模刃口，而斜度正是冲裁模所需的落料斜度。

电火花加工时，工具电极上的尖角和凹角很难精确地复制在工件上，而是形成一个小圆角。这是因为工具电极为凹角时，在放电加工时工件上所对应的尖角处放电蚀除的概率大，容易遭到电蚀而形成圆角，如图1-12a所示。当工具电极为尖角时，由于放电间隙的等距离特性，工件上只能加工出以工具电极尖角顶点为圆心、以放电间隙 G 为半径的小圆角；另一方面，工具电极尖角处的电场集中，放电蚀除的概率大而损耗成小圆角，如图1-12b所示。

由此可知，采用高频率窄脉冲进行精加工时，因放电间隙很小，故圆角半径也很小，一般可以获得圆角半径小于0.01mm的尖棱。但由于高频率窄脉冲会导致工具电极损耗较大，要达到圆角半径为0.01mm以下的圆角精度，可能需要多支工具电极反复加工才能达到要求。

3. 影响加工表面粗糙度的主要因素

对表面粗糙度影响最大的因素是单个脉冲放电能量。当脉冲放电能量较大时，放电后形成的放电凹坑既大又深，使加工表面粗糙度恶化。电火花加工的表面粗糙度与加工速度之间存在着很大矛盾，例如，将加工表面粗糙度值从 $Ra2.5\mu m$ 减小到 $Ra1.25\mu m$ 时，加工时间将成倍增加（视加工面积而定）。

图1-13所示为采用负极性加工，工具电极为纯铜、工件为钢时，电规准与表面粗糙度的关系曲线。

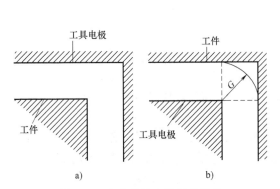

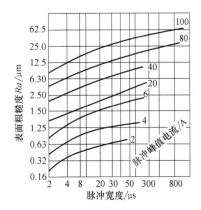

图1-12　电火花放电引起的圆角　　　　图1-13　电规准与表面粗糙度的关系曲线

工件材料对表面粗糙度也有影响。熔点高的材料（如硬质合金）在相同的脉冲能量下加工的表面粗糙度值要比熔点低的材料（如钢）小。当然，加工速度也会相应下降。此外，工件被加工的侧面的表面粗糙度因二次放电影响会比底面的表面粗糙度差一些。精加工时的表面粗糙度还会受工具电极表面粗糙度的影响。换句话说，用粗糙不平的工具电极加工，难以获得良好的工件表面。

4. 影响电极损耗的主要因素

在放电加工过程中，无论是工件还是工具电极都会遭到电蚀。人们总是希望工件被蚀除的速度尽可能快一些，而工具电极被蚀除的速度尽可能慢一些。影响工具电极损耗的主要因素有以下几点：

（1）电规准对工具电极损耗的影响　图1-14所示为采用负极性加工，用铜加工钢时，

脉冲宽度、脉冲峰值电流与工具电极损耗率的关系曲线。由图1-14可见，在负极性加工时，只有在大的脉冲宽度和相对较小的脉冲峰值电流时，才能得到很低的电极损耗率（<1%）。负极性、长脉宽、粗加工时可以获得较低的电极损耗率，这点对型腔加工有非常实用的价值，可以用一个工具电极去除很大的加工余量，而电极的尺寸、形状基本不变，然后再转入中、精加工。然而中、精加工时，则情况相反，脉宽窄，作为正极的工具电极的表面吸附的炭黑很少，抵挡不住电子对正极的强烈撞击，因此工具电极的损耗比会增大。

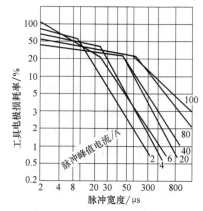

图1-14　电规准对工具电极损耗的影响的关系曲线

（2）极性效应　在电火花加工过程中，由于正极和负极分别受到电子和正离子的轰击及其瞬时热源的作用，两极会同时遭到电蚀，但二者的蚀除速度通常是不一样的，即使两极的材料完全相同，也常会出现一极的蚀除速度比另一极的蚀除速度大，这种现象在电火花加工中称为极性效应。电火花加工时，应将蚀除速度小的一极接工具电极，将蚀除速度大的一极接工件。

（3）工具电极材料　一般使用低损耗材料（如铜、铜合金及电加工专用石墨）制作工具电极。

（4）脉冲参数　采用低脉冲峰值电流加工时，在加工过程中生成的黑炭保护膜可降低工具电极损耗。

1.1.7　电火花成形机床安全操作规程

电火花加工中的主要技术安全规程如下：

1）电火花机床应设置专用地线，使电源箱外壳、床身及其他设备可靠接地，防止因电气设备绝缘损坏而发生触电。

2）操作人员必须站在耐压20kV以上的绝缘板上进行工作，加工过程中不可碰触工具电极。操作人员不得较长时间离开电火花机床。重要机床每班操作人员不得少于两人。

3）经常保持机床电气设备清洁，防止其受潮，以免降低其绝缘强度而影响机床的正常工作。若电动机、电器、电线和绝缘损坏（击穿）或绝缘性能不好（漏电）时，电气设备外壳便会带电。如果人体与带电外壳接触，又站在没有绝缘的地面时，轻则"麻电"，重则有生命危险。为了防止触电事故的发生，操作人员应站在铺有绝缘垫的地面上。另外，电气设备外壳常采用保护措施，如采用触电保护器，一旦发生绝缘损坏或漏电，保护器外壳与地短路，使熔丝熔断或空气开关跳闸，保护人体不再触电。因此最好采用触电保护器。

4）添加煤油工作液时，不得混入类似汽油等易燃液体，防止火花引起火灾。油箱要有足够的循环油量，使油温控制在安全范围内。

5）电火花加工时，工作液的液面要高于工件一定距离（30～100mm）。如果液面过低，加工电流较大，很容易引起火灾。为此，操作人员应经常检查工作液液面是否合适。还应注意，在电火花转成电弧放电时，因局部温度过高，在工件表面会向上积炭结焦，结焦越来越多，使主轴向上回退，直至在空气中产生火花而引起火灾。在这种情况下，液面保护装置也无法预防。为此，需在电火花机床上安装烟火自动检测和自动灭火装置，否则，操作人员不能较长时间离开。

6）根据煤油的浑浊程度，要及时更换过滤介质，并保持油路畅通。

7）电火花加工时间内，应安装抽油雾、烟气的排风换气装置，保持室内空气良好而不被污染。

8）机床周围严禁烟火，并应配备适用于油类的灭火器，最好配置自动灭火器。好的自动灭火器具有烟雾、火光、温度感应报警装置，可自动灭火，比较安全可靠。若发生火灾，应立即切断电源，并用四氯化碳或二氧化碳灭火器扑灭火苗，防止事故扩大。

9）电火花机床的电器设备应设置专人负责，其他人员不得擅自乱动。

10）下班前应关断总电源，关好门窗。

1.1.8　电火花成形机床的日常维护与保养

1）每次加工完毕及每天下班时，应将工作液槽中的煤油放回储油箱，将工作台面擦拭干净。

2）定期对需要润滑的摩擦表面加注润滑油，防止灰尘和煤油等进入丝杠、螺母和导轨等摩擦表面。

3）电器柜应保持散热、通风，每月应用吸尘器清理一次灰尘。

4）避免脉冲电源中的元器件受潮，在南方梅雨天气，机床较长时间不使用时，应定期人为开机加热。夏天高温季节要防止变压器、限流电阻、大功率晶体管过热，为此要加强通风冷却，并防止通风口过滤网被灰尘堵塞，应定期检查和清扫过滤网。

5）有的油泵电动机或有些电动机是立式安装工作的，电动机端部冷却风扇的进风口朝上，很容易落入螺钉、螺母或其他细小杂物，造成电动机"卡壳""憋死"，甚至损坏，因此要在此类电动机的进风端盖上加装网孔更小的网罩加以保护。

6）开机前应拉动润滑总泵3～5次，并查看各分配器出油情况，如有异常应及时疏通，并定期给总泵加润滑油。

7）每3～6个月清洗一次火花机油箱、过滤系统、工作台储油箱，更换过滤芯、火花油。

8）每年检查一次油泵系统压力，并检查、调整油泵齿轮间隙及压力阀。

9）每6个月对火花机的自动灭火器进行一次检查。

10）每6个月对火花机工作台进行一次水平检测，并调整。

▶▶【任务实施】

1. 电火花成形机床安全操作规程制定

通过观察机床外形以及参考生产厂家相关操作说明，苏州新火花SPM400B电火花成形机床安全操作规程制定如下：

1）机床运行前、进行自动机器运行前，须进行自动灭火系统的运转测试和检查。必须安装备用手动灭火器（如二氧化碳或干粉灭火器），可供自动灭火系统发生故障时紧急备用。

2）放电加工时，不要触及主轴和工件，有触电的危险。

3）不要用过大的放电条件进行加工，有引起火灾的危险。

4）加工过程中，请将工作液液面设定为高于加工位置 50mm 以上。液面低时，有引起火灾的危险。禁止冲油加工。

5）安装大型工具电极时，请不要进行快速跳转，否则工作液可能会飞溅到工作液槽外，引起危险。

6）现场安排 2 位或 2 位以上同学仔细观察加工过程中的如下加工状态：

① 加工的稳定性。

② 加工屑的排出状况（冲液流的设置）。

③ 工作液的温度。

④ 工作液的高度及变动。

7）加工现场严禁烟火和粉尘，要尽量远离易成为火源的取暖机、电焊机或研磨机。

2. 电火花成形机床的维护保养

1）每天做好交接班记录。

2）每次加工完毕及每天下班时，应将工作液槽中的煤油放回储油箱，将工作台面擦拭干净。

3）每周一次安排专人对须润滑的摩擦表面加注润滑油，防止灰尘和煤油等进入丝杠、螺母和导轨等摩擦表面。

4）开机前安排专人拉动润滑总泵 3~5 次。

▷▷【任务训练与考核】

1. 任务训练

图 1-15 所示为电火花成形机床，试根据实际情况编制电火花成形机床安全操作规程及机床维护保养方法。

图 1-15 苏州中谷 EDM330B 电火花成形机床

2. 任务考核（表 1-2）

表 1-2　机床安全操作规程及维护保养任务考核卡

任务考核项目	考核内容	参考分值	考核结果	考核人
素质目标考核	遵守规则	5		
	课堂互动	10		
	团队合作	5		
知识目标考核	电火花加工的一般加工原理	5		
	电火花成形加工主要工艺指标	5		
	影响加工速度的因素	10		
	影响加工精度的因素	10		
	实现电火花加工的基本条件	5		
	极性效应	5		
能力目标考核	电火花成形加工安全操作规程	20		
	电火花成形机床的维护保养	20		

【思考与练习】

1. 电火花（放电）加工的基本原理是什么？
2. 实现电火花加工的基本条件有哪些？
3. 简述电火花成形加工的应用范围。
4. 电火花（放电）加工安全操作规程有哪些？
5. 为什么工作液为煤油时，电火花加工时工作液液面至少高过工件 50mm 以上？

任务 2　加 工 准 备

【任务导入】

在电火花加工之前，一般先进行工件的装夹、找正；工具电极（以下简称电极）的装夹、找正；电极的移动、定位、坐标设置等加工准备工作。其目的是使电极正确、牢固地装夹在机床主轴的电极夹具上；工件正确安装在机床工作台上或专用夹具上，保证电极与工件的垂直度及相互的位置。

通过相关教学内容的学习，本任务需在苏州新火花 SPM400B 电火花成形机床上完成图 1-16 所示工件和电极的装夹、找正、定位等基本操作。

a) 工件

b) 电极

图 1-16　工件及电极

【相关知识】

1.2.1　苏州新火花 SPM400B 成形机床手控盒（图 1-17）

1. 手控移动键

手控移动键包括 [X-] [X+] [Y-] [Y+] [Z-] [Z+] [U-] [U+] [V-] [V+] 键，用于选择数控轴及其方向。数控轴及其方向的定义如下：

面对机床正面，左右方向为 X 轴，前后向为 Y 轴，上下方向为 Z 轴；以主轴（电极）的运动方向而言，向右为+X（X 轴正方向），向左为-X（X 轴负方向），向前为+Y（Y 轴正方向），向后为-Y（Y 轴负方向），向上为+Z（Z 轴正方向），向下为-Z（Z 轴负方向）。+U（U 轴正方向）、-U（U 轴负方向）仅对装有 U 轴的机械操作才有效，电极顺时针旋转为+U，逆时针旋转为-U。如图 1-18 所示。

2. M.F.R 拨档键（JOG 键）

移动数控轴时，可使用 M.F.R 拨档键选择 4 档不同的移动速度：

[MFR0] 键：高速移动档。

[MFR1] 键：中速移动档。

[MFR2] 键：低速移动档。

[MFR3] 键：微动档，选择此档时，每按一次所选轴向键，数控轴移动 0.001mm。

3. [ENT] 键

即执行键。按下此键时，系统根据用户设定的程序进行运转。

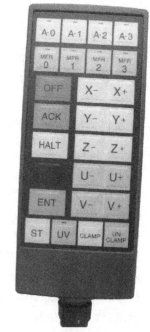

图 1-17　苏州新火花 SPM400B 成形机床手控盒

4. ［OFF］键

即停止键。数控轴动作时（包括移动、定位及加工），若按下此键，则系统终止运转。此时蜂鸣器鸣叫，界面显示"按终了键停止，请按解除键。"在上述显示状态下，无法实现数控轴的动作。

5. ［HALT］键

即暂停键。数控轴动作时（包括移动、定位及加工），若按下此键，则运转暂停动作。此时蜂鸣器鸣叫，界面显示"暂时停止。请按执行键，终止请按终了键。"在上述显示状态下，基本无法实现数控轴的新动作，按手控盒的 JOG 键可实现数控轴移动。

6. ［ACK］键

即解除键。发生机械故障或按［OFF］键后，按下此键，可解除终止状态。

7. ［ST］键

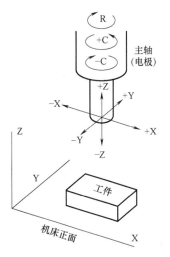

图 1-18 苏州新火花 SPM400B 成形机床各传动轴名称与方向规定

即忽略接触感知键。在按此键的状态下，利用 JOG 键进行数控轴移动时，将无视接触感知（通常情况下，在数控轴移动时，若工件与电极接触，数控轴的运动将无条件停止，称为接触感知）。

1.2.2 坐标值的设定（图 1-19）

苏州新火花 SPM400B 成形机床坐标值输入的方法有下列两种：

1）同时输入指定坐标系的 X、Y、Z、U 轴坐标。先确定"坐标系"列［1］~［6］中选中的坐标系，然后在"X 轴""Y 轴""Z 轴""U 轴"对应的按钮处直接输入坐标值，这时四轴坐标同时变成指定的值。

2）输入指定坐标系中的指定轴的坐标。横方向为指定坐标系、纵方向为指定轴，按下对应的数值输入按钮后，输入数值。当输入发生错误时，可按界面上的［取消］按钮取消输入。

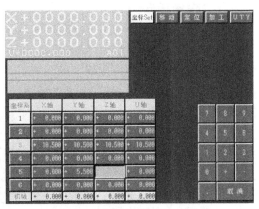

图 1-19 苏州新火花 SPM400B 成形机床坐标值设定界面

1.2.3 轴（电极）的移动

轴的移动是指把指定的坐标轴移动到指定的位置，这是加工准备中经常进行的一个步骤。与采用一直按 JOG 键进行移动的方式不同，轴的移动是根据输入的数据精确地移动到目标位置。轴的移动包括移动、半程移动和极限移动三种方式。

1. 移动

在初始化界面右上方按【移动】模块按钮后，出现供选择的三种移动方式按钮，即

【移动】【半程】【极限】子模式按钮。按
【移动】按钮，屏幕显示移动界面，如
图1-20所示。

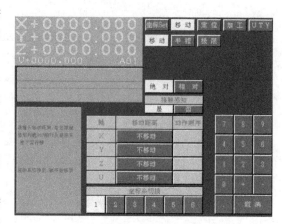

图1-20 移动界面

移动界面有以下输入项目：

（1）【绝对】/【相对】按钮 按【绝对】按钮，表示移动距离采用绝对坐标系，即当前坐标系的绝对坐标值；按【相对】按钮，表示移动距离采用相对坐标值，即相对当前位置的移动量。

（2）"接触感知"【是】/【否】按钮 按【是】按钮，表示在移动过程中，一旦感知电极与工件相接触，轴（电极）立即停止移动；按【否】按钮，表示在移动过程中感知电极与工件相接触后，轴（电极）继续移动。

（3）移动距离 对应于各轴输入要移动的位置。按【绝对】按钮后，输入的值表示将要移动到的绝对坐标值；按【相对】按钮后，输入值表示相对当前位置的移动量。"+""－"表示移动方向，初始显示"不移动"。

2. 半程移动

半程移动是将X、Y、Z坐标轴中指定的轴移动到当前坐标值一半的位置。先按【移动】模块按钮，再按【半程】子模式按钮，屏幕显示半程移动界面，如图1-21所示。

半程移动界面上有下列输入项目：

（1）"接触感知"【是】/【否】按钮
按【是】按钮，表示在半程移动中，一旦感知电极与工件相接触，轴（电极）立即停止移动；按【否】按钮，表示在半程移动中即使感知接触，轴（电极）仍然移动。

（2）动作轴 对应"动作序号"
【1】~【4】选择动作轴。X、Y、Z、U轴各轴最多能被选中一次，而且同一个序号中只能输入X、Y、Z、U中某一个轴（即按下四个轴按钮中的一个）。如果发生一轴多次选择或几轴同序号的选择，将以后一次输入为准，同时取消前一次的选择。

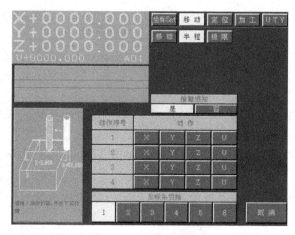

图1-21 半程移动界面

3. 极限移动

极限移动是将X、Y、Z轴在指定方向上移动到机床工作台的机械极限（轴端）。按【移动】模块按钮后再按【极限】子模式按钮，则屏幕显示极限移动界面，如图1-22所示。

极限移动界面上输入下列项目：

（1）动作轴 对应"动作序号"【1】~【3】选择动作轴。X、Y、Z各轴最多能被选中一次，而且同一个序号中只能输入X、Y、Z中某一个轴（即按下三个轴按钮中的一个）。

如果发生一轴多次选择或几轴同序号的选择，将以后一次输入为准，同时取消前一次的选择。

（2）动作"方向"　此项目决定选中的轴进行极限移动的方向。对应"动作序号"及已选的动作轴，按【+】按钮，表明沿此轴的正方向移动到极限；按【−】按钮，表示沿此轴的负方向移动到极限。X、Y轴极限移动的默认方向为"−"，Z轴的极限移动的默认方向为"+"。

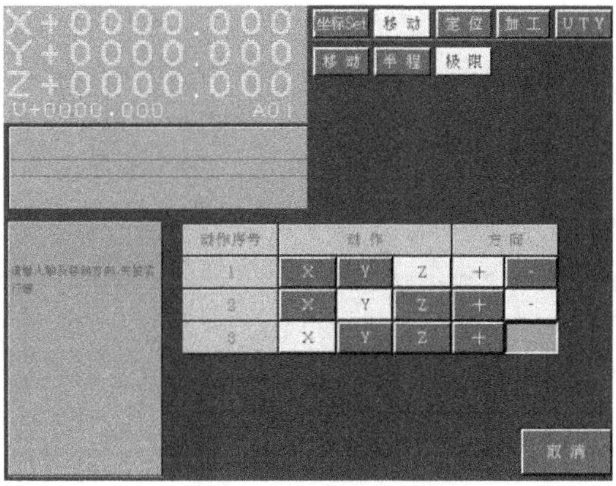

图 1-22　极限移动界面

1.2.4　轴（电极）的定位

轴（电极）的定位是加工准备中最重要的步骤，是成形加工中位置精度的重要保证。苏州新火花 SPM400B 成形机床提供下列五种定位的方法：端面定位、柱中心定位、角定位、孔中心定位及其他方式定位。

在初始界面上，按【定位】模块按钮，就会出现上述五种定位子模式供选择。

1. 端面定位

端面定位是指使电极从任意方向与工件相接触，由此测出端面位置的定位方法。进入端面定位界面，可对此类定位进行更详细的设定。

（1）端面定位界面　在定位子模式中按【端面】按钮，屏幕显示端面定位界面，如图 1-23 所示。

端面定位界面有以下输入项目。

1）"轴"：从【X】【Y】【Z】【U】按钮选择端面定位轴，按相应的轴按钮。

2）"方向"：指定端面定位时轴的移动方向，【+】按钮表示正方向，【−】按钮表示负方向。如果需要更详细的设定，按【详细】按钮，进入端面定位详细界面。

（2）端面定位详细界面　在端面定位界面中按【详细】按钮，屏幕显示端面定位详细界面，如图 1-24 所示。

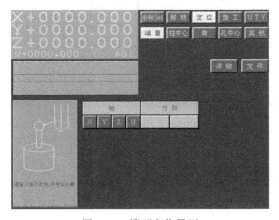

图 1-23　端面定位界面

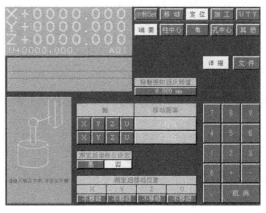

图 1-24　端面定位详细界面

1）"接触感知后反转值"：电极接触工件以后，电极离开工件的距离。

2）"移动距离"：移动至目标的距离值。在端面定位中，如果电极移动至目标位置后还没有接触到工件，也要进行结束移动处理。初始显示为"不移动"。

3）"测定后坐标 0 设定"【是】/【否】按钮：按【是】按钮，表示测出端面位置后，设定该位置的坐标为 0；按【否】按钮，表示测出端面位置后不将其坐标设置为 0。

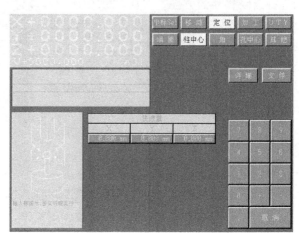

4）"测定后移动位置"：测定后 X、Y、Z、U 轴移动至目标的位置坐标。

2. 柱中心定位

柱中心定位是指先测量出工件或基准球的前后及左右的宽度，以此为基准测出工件或基准球的中心位置的定位方法。

（1）柱中心定位界面 在定位子模式中按【柱中心】按钮，屏幕显示柱中心定位界面，如图 1-25 所示。

图 1-25 柱中心定位界面

柱中心定位界面有下列输入项目。

1）"快进量 X"：Z 轴接触感知动作后，X 轴朝电极与工件没有接触的位置移动的快速移动量，如图 1-26 所示。

2）"快进量 Y"：Z 轴接触感知动作后，Y 轴朝电极与工件没有接触的位置移动的快速移动量，如图 1-26 所示。

3）"快进量 Z"：在进入 X、Y 轴的接触感知动作之前，输入使电极下降到与工件相接触的位置的快速移动量，如图 1-27 所示。

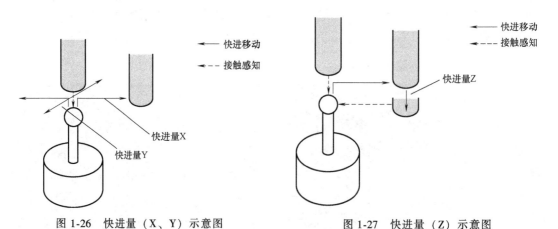

图 1-26 快进量（X、Y）示意图　　　　　图 1-27 快进量（Z）示意图

（2）柱中心定位详细界面 在柱中心定位界面中按【详细】按钮，屏幕显示柱中心定位详细界面，如图 1-28 所示。

柱中心定位详细界面有下列输入项目。

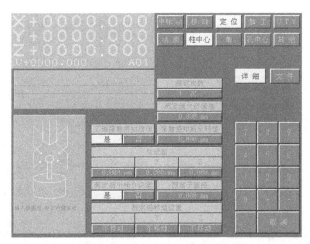

图 1-28　柱中心定位详细界面

1）"测定次数"：输入进行柱中心定位动作的次数，最多为 3 次。

2）"测定值允许误差"：进行了两次以上的测定后，如果后几次测定结果与第一次测定结果之间的误差超过了预先设定的许可值，则系统显示"错误"。

3）"Z 轴接触感知动作"【是】/【否】按钮：按【是】按钮，表示在定位动作中，先进行 Z 轴端面定位，然后再进行外圆定位；按【否】按钮，表示在定位动作中不进行 Z 轴端面定位，直接进行外圆定位。

4）"接触感知后反转值"：电极接触工件之后，电极离开工件的距离，如图 1-29 所示。

5）"测定后坐标 0 设定"【是】/【否】按钮：按【是】按钮，表示测出柱中心位置后，设定该位置的坐标为 0；按【否】按钮，表示测出柱中心位置后不将其位置坐标设置为 0。

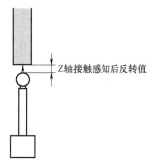

图 1-29　Z 轴接触感知后
反转值示意图

6）"测定后移动位置"：测定后 X、Y、Z 轴移动至目标的位置坐标。

7）"测定子直径"：测定用标准球（或其他用具）的直径。

3. 角定位

角定位是指先检查工件的两个侧面，依此进行角定位的测定方法。

（1）角定位界面　在定位子模式中按【角】按钮，屏幕显示角定位界面，如图 1-30 所示。

角定位界面有下列输入项目。

1）"角序号"：要测定的角的序号，有四个选择，如图 1-30 所示。

2）"快进量 X"：Z 轴接触感知动作后，X 轴朝电极不接触工件的位置移动的快速移动量。

3）"快进量 Y"：Z 轴接触感知动作后，Y 轴朝电极不接触工件的位置移动的快速移动量。

4）"快进量 Z"：进入 X 轴和 Y 轴的接触感知动作之前，输入 Z 轴移动到电极能够接触工件的位置的快速移动量。

（2）角定位详细界面　在角定位界面中按【详细】按钮，屏幕显示角定位详细界面，如图 1-31 所示。

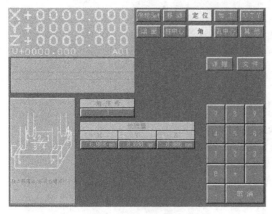

图 1-30　角定位界面

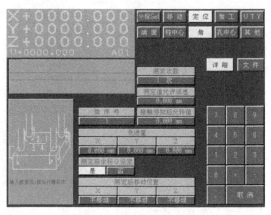

图 1-31　角定位详细界面

角定位详细界面有下列输入项目。

1）"测定次数"：进行角定位操作的次数，最多为 3 次。

2）"测定值允许误差"：进行了两次以上的测定后，如果后几次测定的结果与第一次测定结果之间的误差超过了预先设定的许可值，则系统显示"错误"。

3）"接触感知后反转值"：电极与工件相接触后，电极离开工件的距离。

4）"测定后坐标 0 设定"【是】/【否】按钮：按【是】按钮，表示检查出角定位位置后，设置该位置坐标为 0；按【否】按钮，表示检查出角定位位置后，不设置该位置坐标为 0。

5）"测定后移动位置"：测定后 X、Y、Z 轴移动至目标的位置坐标。

4. 孔中心定位

孔中心定位就是先测出工件中电极所处孔的纵向及横向宽度，并以此为基础测出孔的中心位置。

（1）孔中心定位界面　在定位子模式中按【孔中心】按钮，屏幕显示孔中心定位界面，如图 1-32 所示。

孔中心定位界面有下列输入项目。

1）"快进量 X"：使电极从当前位置快速移动到工件附近的移动距离，如图 1-33 所示。

2）"快进量 Y"：使电极从当前位置快速移动到工件附近的移动距离，如图 1-33 所示。

3）"快进量 Z"：使电极从当前位置快速移动到工件上表面附近的移动距离。

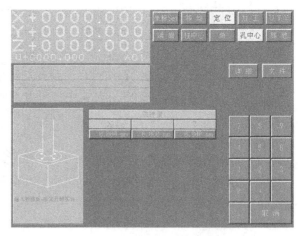

图 1-32　孔中心定位界面

（2）孔中心定位详细界面　在孔中心定位界面中按【详细】按钮，屏幕显示孔中心定位详细界面，如图1-34所示。

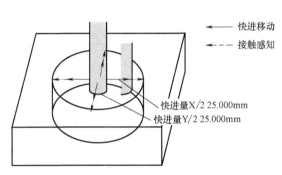

图1-33　孔中心定位快进量示意图

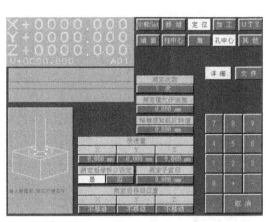

图1-34　孔中心定位详细界面

孔中心定位详细界面有下列输入项目。

1）"测定次数"：输入进行孔中心定位操作的次数，最多为3次。

2）"测定值允许误差"：进行了两次以上的测定后，如果后几次测定的结果与第一次测定结果之间的误差超过了预先设定的许可值，则系统显示"错误"。

3）"接触感知后反转值"：电极与工件相接触后，输入电极离开工件的距离。

4）"测定后坐标0设定"【是】/【否】按钮：按【是】按钮，表示检查出孔中心位置后，设置该位置坐标为0；按【否】按钮，表示检查出孔中心位置后，不设置该位置坐标为0。

5）"测定子直径"：测定工件孔的圆柱电极（或其他用具）的直径。

6）"测定后移动位置"：测定后X、Y、Z轴移动至目标的位置坐标。

5. 其他定位

其他定位是上面已说明的四种定位方式之外的定位方式，即"任意3点"和"放电位置决定"。这里仅介绍通过放电位置确定加工位置的定位方式。

"放电位置决定"是指当加工正在进行时，通过手控盒来移动轴（微调整）进行电极定位。

在定位子模式中按【其他】按钮，再按【放电位置决定】按钮，屏幕显示放电位置决定界面，如图1-35所示。

放电位置决定界面有下列输入项目。

1）"轴"【X】/【Y】/【Z】按钮：输入进行放电位置决定的轴。

2）"移动方向"【+】/【-】按钮：输入轴进行移动的方向。

3）"放电位置决定条件"：变更放电位置决定条件的C777的各项数据。依据变更的条件按相应条件对应的输入按钮，即可输入新的数值。

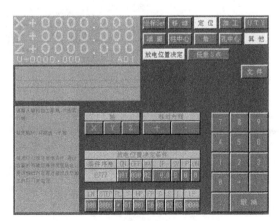

图1-35　放电位置决定界面

1.2.5 工件的装夹与找正

1. 工件的装夹

由于工件的形状、大小各异，所以电火花加工工件的装夹方法有很多种。通常用磁盘来装夹工件，为了适应各种不同工件加工的需求，还可使用其他专用工具对工件进行装夹。下面介绍在实际加工中常用的两种装夹工件的方法。

（1）用永磁吸盘装夹工件 使用永磁吸盘装夹工件是电火花加工中最常用的装夹方法。

永磁吸盘（图1-36）通过高磁性材料的强磁力来吸附工件，它吸夹工件牢靠、装夹精度高、装卸快，是较理想的电火花成形机床装夹设备。一般用压板将永磁吸盘固定在电火花成形机床的工作台面上。永磁吸盘的磁力是通过插入吸盘内六角孔中的扳手来控制的。当扳手处于"OFF"一侧时，吸盘表面无磁力，这时可以将工件放置于永磁吸盘工作台面，然后将扳手旋转至"ON"一侧，工件就被吸盘吸紧了。"ON"/"OFF"切换时，磁力面的精度不变。永磁吸盘适用于装夹安装面为平面的工件或辅助工具。图1-37所示为使用永磁吸盘装夹工件。

图 1-36 永磁吸盘

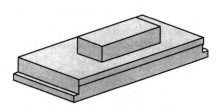

图 1-37 永磁吸盘装夹工件

（2）使用机用平口钳装夹工件 机用平口钳（图1-38）通过钳口部分对工件进行装夹定位，通过锁紧滑动钳口来固定工件。对于安装面积较小或具有特殊形状的工件，用永磁吸盘安装不牢靠时，可以考虑用机用平口钳来装夹，如图1-39所示。

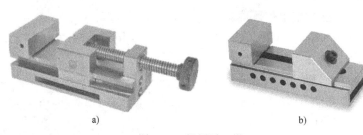

a)   b)

图 1-38 机用平口钳

2. 工件装夹注意事项

电火花成形加工的工件装夹，与机械加工相似。由于电火花加工时的切削力没有机械加工的那么大，加工中电极与工件并不接触，宏观作用力很小，所以工件装夹不需要使用很大的装夹力。在实际装夹过程中，有以下注意事项：

1）工件的尺寸应在机床工作台行程的允许范围

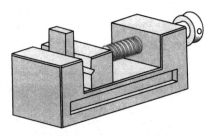

图 1-39 机用平口钳装夹工件

内，工件重量不能超过工作台的允许载荷。另外，重量很大的工件在装夹的过程中要注意保护机床，避免机床受到猛烈的振动。

2）用于工件装夹的工作台面，其精度要求极高，装夹工件时要注意保护工作台面，防止台面被划伤。

3）工件装夹时，应尽量按图样所示基准装夹工件，以方便加工和识图；工件安装的位置应有利于工件找正，并与机床行程相适应，同时应不妨碍各部位的加工、测量及电极的交换等。

4）对于小工件或加工时间较短的工件，可以考虑在工作台上装夹多个工件进行多工位加工，以提高加工效率。

5）应保证工件的基准面与电极的基准面清洁无毛刺、无油污，使工件的装夹基准与电极的装夹基准能很好地贴合。装夹时，使用纤维油石轻轻推磨基准面，去除细小毛刺，然后洒上适量酒精，用干净的棉布擦拭，即可获得干净的基准面。

6）为使装夹可靠，应尽量使工件装夹部分的面积大一些。工件悬空安装时，因单端吸紧，易出现上仰或倾斜的情况，致使工件上、下平面与工作台不垂直或达不到图样要求的精度，所以应注意检查安装精度。对于一些安装不牢靠的情况，可用胶水来辅助粘牢。

7）必须保证工件的安装变形尽可能小。尤其要注意细小、精密零件和薄壁零件的安装，防止因产生变形或翘曲而影响加工精度。

8）必须保证装夹的工件能导电，不能出现绝缘的情况，否则会损伤电极与工件、损坏机床。

9）工件的装夹对工艺也有相应的要求，在拟订工艺路线时，要考虑后道工序装夹的方便。当使用永磁吸盘来装夹工件时，要注意保护吸盘的工作台面，避免工件将其划伤或拉毛；工作台面应定期修磨，保证平面的高精度。另外，对于使用过的安装工具，应及时卸下并清洗，做好维护保养。

10）用吸盘装夹小工件时，在找正工件前可将吸盘扳手置于"ON"位置，因为小工件受到的吸附力较小，安装固定后能很好地进行找正。但对于大的工件，应先将工件找正以后再将吸盘扳手置于"ON"位置；如果先将工件吸紧，那么在找正工件时就很难进行调整。

3. 工件的找正

工件装夹完成后，需要对其进行找正。工件找正就是使工件的工艺基准与机床 X、Y 轴的轴线平行，以保证工件的坐标系方向与机床的坐标系方向一致。在实际加工中，使用校表找正工件是应用最广泛的找正方法。

（1）校表的结构 校表由指示表和磁性表座组成，如图 1-40 所示。指示表有千分表和百分表两种，百分表的指示精度最小为 0.01mm，千分表的指示精度最小为 0.001mm。可根据加工精度要求来选择适用的校表。

（2）工件找正的操作过程 如图 1-41 所示，将千分表的磁性表座固定在机床主轴侧或床身某一适当位置，保证固定可靠，同时将表架摆放到能方便找正工件的位置。使用手控盒移动相应的轴，使千分表的测头与工件的基准面相接触，直到千分表的指针有指示数值为止（一般指示到 50 的位置即可）；此时，纵向或横向移动机床轴，观察千分表的读数变化，即反映出工件基准面与机床 X、Y 轴的平行度。使用铜棒敲击工件来调整平行度，如果千分表指针变化很大，可以在调整时稍用力进行敲击，发现变化渐小时，就要耐心地轻轻敲击，并

a) 指示表　　　　　　　　　b) 磁性表座

图 1-40　校表的结构

认真观察千分表指针的摆动范围，尽可能将误差控制到最小，使工件被调整到正确的位置，直到满足精度要求为止。

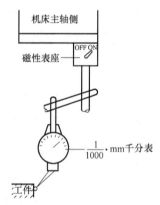

图 1-41　工件找正示意图

4. 找正工件时注意事项

1) 找正的工件必须要有一个明确的定位基准面。这个基准面必须经过精密加工，一般以磨床精加工的表面为基准。

2) 工件找正的精度对加工精度有直接影响。如果工件没有找正，在移动工作台的坐标时，如移动 X 轴，这时就相当于不仅移动了 X 轴，而且也移动了 Y 轴，这会给装夹后的定位带来加工误差，影响加工精度。因此，在找正工件的操作过程中，一定要注意控制找正精度。

3) 数控电火花成形机床大多数具有接触感知保护功能，找正工件最好使用绝缘的校表(可使用绝缘的测头或磁性底座)。有些数控电火花成形机床的忽略接触感知功能只能起一次作用，会不断发生接触感知的提示，给找正操作过程带来不便。

4) 找正工件时，若发现工件有严重变形，则应根据加工精度要求进行处理，超过精度允许范围时不予加工。

1.2.6　电极的装夹与找正

1. 电极的装夹

数控电火花加工时，需将电极安装在机床主轴上。电极的装夹方式有自动装夹和手动装夹两种。

（1）自动装夹电极　自动装夹电极是先进数控电火花成形机床的一项自动功能。它通过机床的电极自动交换装置（ATC，Automatic Tool Changer）和配套电极专用夹具来完成电极的换装，如图1-42所示。所有电极由机械手按预定的指令程序自动更换，加工前，只需将电极装入ATC刀架，加工中即可实现自动换装。这样大大减少了加工等待时间，使整个加工周期缩短。

数控电火花成形机床的ATC配套使用快速装夹定位系统（电极的装夹使用标准化夹具）。快速装夹定位系统可实现快速装夹、精密定位。

图1-42　带有ATC装置的数控电火花成形机床

目前普遍使用的快速定位夹具有瑞士的EROWA夹具（图1-43）和瑞典的3R夹具（图1-44），可以保证电极的重复定位精度为2μm。

图1-43　EROWA夹具

图1-44　3R夹具

（2）手动装夹电极　手动装夹电极是指使用通用的电极夹具，由人工完成电极的装夹。由于在实际加工中电极的形状各不相同，电火花加工要求也不一样，所以使用的电极夹具也不相同。下面介绍几种常用的电极夹具。

1）通用夹头。通用夹头如图1-45所示，目前已经成为电火花成形机床的标准配件。它主要靠调节夹头的相应调整螺钉来找正电极。调整螺钉1、3用于调节夹头的球面铰链，实现电极前后、左右的水平找正；调整螺钉2用于调节夹头的相对转动机构，实现电极横截面基准与机床 X、Y 轴的平行。可调节电极角度夹头的调节部分应该是绝缘的，以防止操作人员触电。

2）钻夹头。图 1-46 所示为钻夹头装夹，钻夹头适用于圆柄电极的装夹（电极的直径要在钻夹头装夹范围内）。通常可以在钻夹头上开设冲液孔，在加工时使工作液均匀地沿圆电极淋下，达到较好的排屑效果。

3）螺钉连接装夹。图 1-47 所示为螺钉连接装夹，该装夹方式适用于尺寸较大的圆电极、方形电极，以及几何形状复杂且在电极一端可以采用螺纹固定的电极。为了保证装夹的电极在加工中不会发生松动，应在连接处加入垫圈，并用螺母锁紧。

图 1-45　通用夹头

1—前后方向（Y 轴）水平调整螺钉　2—角度（C 轴）调整螺钉　3—左右方向（X 轴）水平调整螺钉　4—电极锁紧螺钉

图 1-46　钻夹头装夹

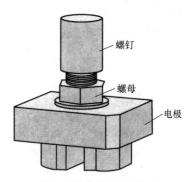

图 1-47　螺钉连接装夹

4）专用夹具装夹。在实际应用中，也可以根据电极的具体情况设计、制造专用夹具来装夹电极。图 1-48 所示为采用 U 形夹头装夹电极，该装夹方式适用于方形电极和片状电极，通过拧紧夹头上的螺钉来夹紧电极。图 1-49 所示为采用固定板装夹电极，该装夹方式适用于重量较大、面积较大的电极。将电极固定在磨平的固定板上，用螺栓连接、锁紧，通过固定板上的连接柄将电极牢固地装夹在主轴头上。图 1-50 所示为采用活动 H 结构的夹具装夹电极。H 结构夹具通过螺钉 2 和活动装夹块来调节装夹宽度，用螺钉 1 撑紧活动装夹块，使电极被夹紧，该方式适用于方形电极和片状电极，尤其适用于薄片电极。夹口面积较大，不会损坏电极的装夹部位。

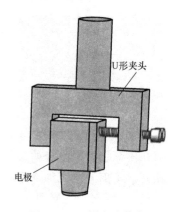

图 1-48　U 形夹头装夹

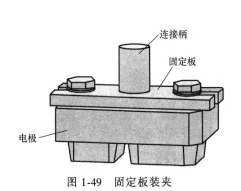

图 1-49　固定板装夹

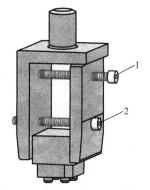

图 1-50　活动 H 结构夹具装夹
1、2—螺钉

2. 装夹电极的注意事项

1）装夹电极时，要对电极进行仔细检查，如电极是否有毛刺、污物，形状是否正确，有无损伤等。另外，要分清楚粗加工电极和精加工电极。

2）装夹电极时要看清楚加工图样，装夹方向要正确，采用的装夹方式应不与其他部位发生干涉，并便于加工定位。

3）用螺钉连接装夹电极时，旋紧螺钉的力度要得当，防止用力过大而造成电极变形或用力过小而夹不紧、夹不牢。

4）装夹细长的电极时，在满足加工要求的前提下，伸出部分长度尽可能短一些，以提高电极的强度。

5）对于面积和重量较大的电极，由于装夹不牢靠，在加工中常常发生松动，是造成废品的原因之一，所以要求在加工中经常停机检查电极是否松动。

6）无论采用哪种装夹方式，都应保证电极与夹具接触良好且导电。若采用胶黏剂黏合电极，电极很容易在加工中因发热而掉落，并且有可能出现电极不导电的情况。

3. 电极的找正

电极的找正一般以工作台面的 X、Y 轴方向为水平基准，用百分表、千分表、量规或刀口形直角尺在电极横、纵两个方向做垂直找正或水平找正，以及电极工艺基准与机床 X、Y 轴平行度的找正。电极找正必须具备两个基本条件：①在电极的装夹装置上安装具有一定调节量的工具；②电极具有找正的基准面。

（1）校表找正　上节介绍了使用千分表找正工件的方法，同样适用于电极找正。由于电极有多个基准面要进行找正，所以其操作过程要烦琐得多。使用千分表找正电极的操作过程如图 1-51 所示，先将主轴移动到便于找正电极的合适位置；将电极通用夹头（图 1-45）的角度调整螺钉 2 旋转至中心处（使中心刻度线对齐），通过目测观察前后方向水平调整螺钉 1、左右方向水平调整螺钉 3，使电极基准底面大概呈水平状态，这样可以减少校表时的调节量；选择找正基准面，将千分表测头压在电极的基准面上，通过移动坐标轴，观察千分表上读数的变化并估计测差值，不断调整通用夹头的螺钉，直到校准为止。

选择电极的找正基准是找正的要点。每个电极的形状各异，它们的找正基准也不一样，但选择找正基准的原则是一样的，即应取最长的基准代替较短的基准；应取明确的电极基准代替非明确的电极基准。一般电极的各个面都应满足各种几何关系，在找正时应对它们进行仔细检查。模具制造中的各种复杂电极，大多采用加工中心加工完成，电极的结构通常设计有用于找正的方形基准台，如图 1-52 所示。这类电极可选择找正基准台底面与 X、Y 轴的平行度和电极的横截面基准与机床 X、Y 轴的垂直度。圆柱形或简单方形电极可找正电极的垂直度和电极的横截面基准与机床 X、Y 轴的平行度，若圆柱形电极全部为旋转体形状，则只要找正电极的垂直度即可。

电极找正时，各个方向的调节都是互相影响的，即调节好夹头左右方向的平行度后，再调节前后方向的平行度时，左右方向的平行度又会产生误差，因此选择找正基准面的顺序也有一定的技巧。在找正时，先找正电极前后、左右的平行度或垂直度，再找正电极的横截面基准与机床 X、Y 轴的平行度，最后再检查一遍，如图 1-53 所示。这是因为电极通用夹头的旋转调整机构在调节时对夹头球面铰链产生的影响很小，而前后、左右方向调整螺钉对球面铰链的调节是互相影响的。

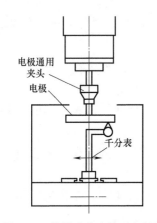

图 1-51　使用千分表找正电极

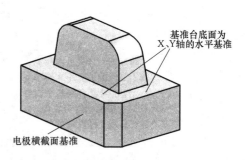

图 1-52　电极的找正基准

a) 找正底面

b) 找正侧面

图 1-53　校表找正示意图

（2）火花找正　当电极端面为平面时，可用弱电规准在工件平面上放电打印，根据工件平面上放电火花分布的情况来找正电极，直到调节至四周均匀地出现放电火花为止。采用火花找正时，电极夹头的调整部分应该是绝缘的，在操作过程中要注意安全，防止触电。这种方法的找正精度不高，只用于加工精度要求比较低的场合。

（3）使用刀口形直角尺找正　采用刀口形直角尺可找正侧面较长、直壁面类电极的垂直度。找正时，使刀口形直角尺的刀口测量面靠近电极侧壁基准，通过观察它们之间间隙的大小来调节电极夹头，如图1-54所示。找正时，要多换几个位置进行比较。使用刀口形直角尺找正电极的精度为0.02mm左右，电极的侧壁基准越长，找正精度就越高。

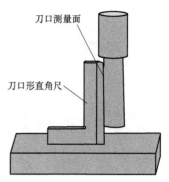

图1-54　刀口形直角尺找正电极

【任务实施】

1. 工件的装夹与找正

（1）工件的装夹　因为工件的上下表面为平面，使用永磁吸盘来装夹工件。工件中心有一个通孔，加工时可以借助通孔进行排屑。先用清洗液将永磁吸盘清洗干净，然后将工件放置于永磁吸盘台面，一端悬空，使通孔不被封住，再将永磁吸盘锁紧。装夹时，考虑到合理利用机床的工作行程，可将永磁吸盘靠近工作台里侧固定，使工件处于工作台的中心位置，如图1-55所示。

（2）工件的找正　采用校表找正工件平面度，将千分表表座固定在机床的主轴侧，移动主轴检查工件的平面度，保证精度能达到图样要求。如果误差较大，应重新装夹工件，使用垫片来垫平工件，如图1-56所示。

图1-55　工件装夹

图1-56　工件找正

2. 电极的装夹与找正

（1）电极的装夹　将电极装夹部位插入电火花成形机床主轴的通用夹头内，使用电极锁紧螺钉紧固电极，注意装夹要牢靠，如图1-57所示。

（2）电极的找正　采用校表找正电极，如图1-58所示。使用千分表找正电极，保证找正精度在0.01mm左右。

3. 电极的定位

工件和电极安装、找正结束后，用手控盒移动电极，目测其在工件大概中心位置上，电极离工件上表面距离为8~10mm。在机床定位子模式下按【柱中心】按钮，如图1-59所示，设置参数如下："测定次数"为"1次"，"Z轴接触感知动作"为"是"，"接触感知后反转

图 1-57　电极的装夹

图 1-58　电极的找正

值"为 2mm，"快进量"为 X = −150mm，Y = −150mm（实测工件直径为 180mm，电极直径为 80mm，预留约为 20mm 的安全距离），Z = −15mm（锥齿高度为 12mm），"测定后坐标 0 设定"为"是"。参数设定后按［ENT］键，机床自动完成电极的分中，动作结束后电极的位置如图 1-60 所示。

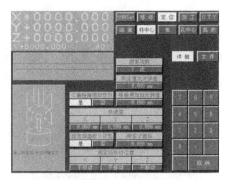

图 1-59　自动定位参数设置

图 1-60　电极定位位置

【任务训练与考核】

1. 任务训练

工件和电极如图 1-61、图 1-62 所示，试在苏州新火花 SPM400B 成形机床完成工件和电极的装夹、找正，以及电极的定位操作。

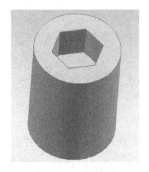

图 1-61　工件图

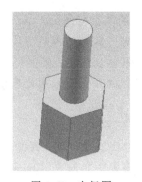

图 1-62　电极图

2. 任务考核（表1-3）

表1-3　加工准备任务考核表

任务考核项目	考核内容	参考分值	考核结果	考核人
素质目标考核	遵守规则	5		
	课堂互动	10		
	团队合作	5		
知识目标考核	工件找正的注意事项	5		
	工件装夹的注意事项	5		
	电极装夹的注意事项	10		
	孔中心定位的参数设置	10		
能力目标考核	工件的装夹与找正	15		
	电极的装夹与找正	15		
	电极的定位	20		

【思考与练习】

1. 简述用校表找正电极的操作过程。
2. Z轴接触感知后，为什么需要设置电极回退值？
3. 工件装夹过程中有哪些注意事项？
4. 苏州新火花SPM400B成形机床有哪些定位功能？

任务3　多电极更换法型腔加工

【任务导入】

数控电火花加工的工艺方法较多，主要有单电极直接成形工艺、多电极更换成形工艺、数控平动成形工艺、数控多轴联动成形工艺等。选择工艺时，要根据工件的技术要求、复杂程度、加工工艺特点、机床类型及脉冲电源的技术规格、性能特点而定。

多电极更换成形工艺是根据加工部位在粗、半精、精加工中放电间隙不同的特点，采用几个相应尺寸缩放量的电极完成一个型腔的粗、半精、精加工。多电极更换成形工艺要求多个电极的一致性要好，制造精度要高；另外，更换电极的重复装夹和定位精度要高。目前，采用高速铣削加工电极可以满足电极的高精度要求，使用基准球测量的定位方法可以保证很高的定位精度，快速装夹定位系统可以保证极高的重复定位精度。因此，多电极更换成形工艺能达到很高的加工精度，非常适合精密零件的电火花加工，这种工艺方法在实际加工中被广泛采用。

图1-63、图1-64所示为拨叉零件，通过相关内容学习，试用苏州新火花SPM400B成形机床完成该工件的电火花放电加工。

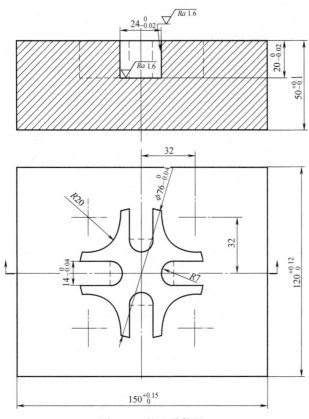

图 1-63 拨叉零件图

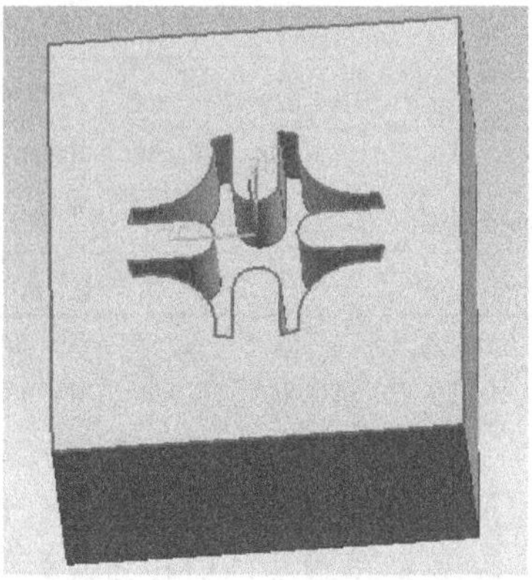

图 1-64 拨叉三维立体示意图

【相关知识】

1.3.1 多电极更换法加工模具型腔

多电极更换成形加工采用分别制造的粗、中、精加工用电极,通过依次更换电极来加工同一个型腔。如图 1-65 所示,先用粗加工用电极去除大量金属,再换半精加工用电极完成粗加工到精加工的过渡,最后用精加工用电极进行精加工。使用每个电极加工时,必须把上一规准的放电痕迹去掉。一般用两个电极进行粗、精加工就可以满足要求。当型腔的精度和

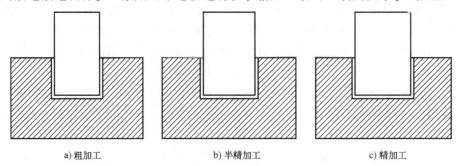

a) 粗加工   b) 半精加工   c) 精加工

图 1-65 多电极更换成形加工工艺示意

表面质量要求很高时，常采用粗、半精、精加工用电极进行加工，必要时还要采用多个精加工用电极来修整精加工的电极损耗。

多电极更换成形加工的优点是仿形精度高，尤其适用于尖角、窄缝多的型腔加工；缺点是需要用精密机床制造多个电极。另外，更换电极时要保证高的重复定位精度，需要附件和夹具来配合。因此该方法经常用于精密型腔的加工。

1.3.2 电火花加工常用编程代码说明

1. 指令类别

指令由字母（A~Z）构成，并决定了后面的代码和数据的含义。电火花成形机床中常用的指令类别及功能见表1-4。

表 1-4 电火花成形机床中常用的指令类别及功能

G 代码	功能	模态	打开电源时系统状态
G00	决定位置、移动	M	G00
G01	直线插补		
G02	圆弧插补（顺时针）		
G03	圆弧插补（逆时针）		
G04	间歇（延时）		
G11	跳段 ON	M	G12
G12	跳段 OFF	M	
G20	英制单位	M	G21（米制单位：mm）
G21	米制单位	M	
G30	指定放电加工中 Z 轴的抬刀方式		
G54	工件坐标系 1	M	G54
G55	工件坐标系 2		
G56	工件坐标系 3		
G57	工件坐标系 4		
G58	工件坐标系 5		
G59	工件坐标系 6		
G80	接触感知		
G81	撞极限：移动到机械的限位位置		
G82	半程：移动到原点与当前位置的一半处		
G90	绝对坐标指令	M	G90
G91	增量坐标指令	M	
G92	指定加工起点的坐标值		

2. 语句

一个完整的程序是由若干个语句组合而成的。每个语句都是由一个以上的词组和语句的终止字符组成的。语句的终止字符为";"。

（1）一个语句内的约定

1）在一个语句中有 X、Y、Z、U、V、W 各轴时，根据代码可实现多轴联动。

［例 1-1］　G91 G00 X7.0 Y5.0 Z10.0;　（X 轴、Y 轴、Z 轴同时分别移动 7mm、

5mm、10mm。)

若按 Z、Y、X 的顺序实施移动，请使用不同的语句。

[例 1-2]　　G00　Z10.0；

　　　　　　　　　Y5.0；

　　　　　　　　　X7.0；

2）在一个语句中存在着相反的数字控制（NC）指令时，将会出错；或是后面的指令被优先处理。

[例 1-3]　　出错的情况：

　　　　　　G00 X15.0 G01 Y-10.0；

[例 1-4]　　后面的指令优先处理的情况：

　　　　　　G00 X10.0 Y5.0 X15.0；（与 G00 X15.0 Y5.0；等效）

（2）同一个语句内 NC 代码的处理顺序　在一个语句内的 NC 代码，按 A 类到 H 类的顺序执行。NC 代码的分类见表 1-5。

表 1-5　NC 代码的分类

分类	代码
A 类	N,O(顺序号)
B 类	A,C,D,F,H,L,P,Q,T,M03～M99,C 类以外的 G 代码 H ＊＊＊=＊代入句,IF,JUMP,KEYIN,CRT,PRINT
C 类	G00～G04,G80,G81,G82,G83,G85,G92,G97
D 类	I,J,K,R,U～Z,RA,RI,RJ,RX,RY,AY,AZ,BX,BY,BZ,CX,CY,CZ,DP
H 类	M00,M01,M02

3. G 代码

G 代码大体上可分为以下两种。

1）只对当前语句有效的 G 代码。

2）在同组中有其他 G 代码出现前一直有效，称之为模态 G 代码，一般用 M 表示。

[例 1-5]

模态代码（M）

G00　X100；⎤

　　　Y100；⎥→此段 G00 有效

　　　Z100；⎦

G01　X300；→此段以后 G01 有效

（1）G30（指定放电加工中 Z 轴的抬刀方式）

功能：使指定轴沿指定方向抬刀（电火花放电加工过程中，为了方便排屑，防止积炭的产生，电极需经常沿加工方向的反方向抬刀）。

格式：G30 方向；

[例 1-6]　　G30 Z+；（使电极沿 Z 轴正方向抬刀）

（2）G80（接触感知）

功能：使指定轴沿指定方向移动到与工件接触（接触感知）为止的指令。

格式：G80 方向；

[例1-7] G80 X-；（使电极沿X轴的负方向移动到与工件接触的位置，并停止）

电极与工件接触时，其动作如图1-66所示。

编程时需要注意以下问题：

1）在轴的方向后面设定的值，在绝对坐标系中为坐标值，在增量坐标系中为移动量。

2）"G80 X+0"与"G80 X"，执行同样的动作。

3）用G80来指示两轴以上动作时，只对指示的第一个轴执行动作。

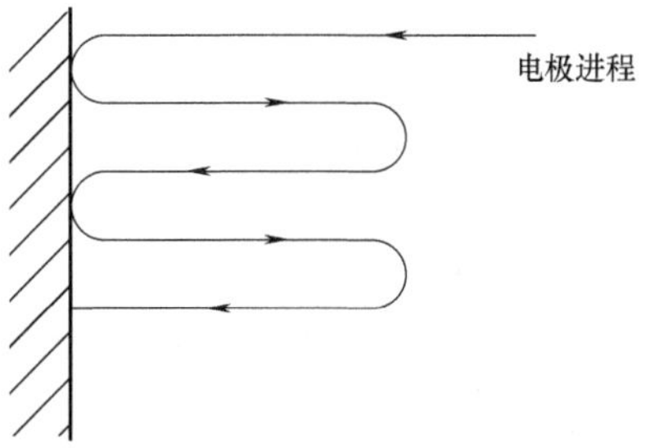

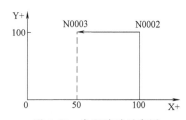

图1-66 接触感知动作示意图

4）一般设定电极与工件接触三次。

（3）G81（撞极限）

功能：根据G81代码后面指定的轴，将电极移动到机械的极限位置。

在一个语句中同时指定了多个轴时，按顺序分别移动。

格式：G81 {轴指定} {方向±}；

[例1-8] G81 X+；（使电极沿X轴的正方向移动，一直撞到机床的限位装置后停止）

（4）G82（半程）

功能：把电极移动到指定轴的当前值与原点之间的中点处，如图1-67所示。

[例1-9]　N0001　G54　G92　X0　Y0；

　　　　　N0002　G00　X100　Y100；

　　　　　N0003　G82　X；

（5）G92（指定加工起点的坐标值）

功能：设定当前坐标值。

[例1-10] G92 X100 Y100；

根据此指令，将当前位置坐标（X，Y）设置为（100，100）。

图1-67 半程移动示意图

4. T代码

（1）T82（工作液保持ON）　禁止加工槽排液。

（2）T83（工作液保持OFF）　执行加工槽排液。

（3）T84（开泵ON）　执行向加工槽送液。

（4）T85（关泵OFF）　停止向加工槽送液。

（5）T86（喷射ON）　执行喷射，即工作液从机床专用附件中喷射而出，实现对工件充液加工。

（6）T87（喷射OFF）　停止喷射。

5. M代码

（1）M02（程序结束）　主程序结束。M02代码以后写入的程序不执行。

（2）M00（程序暂停）　执行M00代码后，程序的执行被暂时停止。与单语句停止一样，到此为止的模式信息全部被保存。

按重新执行［RST］键后，M00代码以后的程序将继续执行。

（3）M98（调出子程序）　调用子程序。

（4）M99（子程序结束） 子程序终了。若执行 M99 代码，则返回主程序，执行主程序。

（5）M05（忽视接触感知） 执行 M05 代码后，只忽视它后面的一个接触感知。即执行 G80 接触感知后，电极与工件接触。如果需要执行下一动作 G00（或 G01）时，需要先执行 M05 代码，否则机床会报警。

6. C 代码

C 代码是选择加工条件的代码。选择一组 ON、OFF、IP 等加工条件参数组成的条件组，可输入三位数字。

[例 1-11] C000；

1.3.3 电极设计

采用多电极更换成形工艺（无平动）加工型腔，一般按照图 1-68 所示步骤来设计电极。

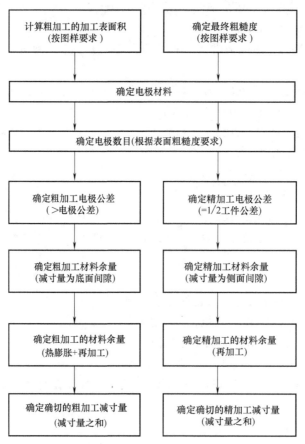

图 1-68 电极设计流程

1. 电极材料选择

在电火花成形加工中，电极材料的选择是非常重要的，电极材料的性能将影响电极的电火花成形加工性能（材料加工速度、电极损耗率、工件表面质量等）。因此，正确选择电极材料对于电火花成形加工至关重要。

电火花成形加工所用的电极材料应满足高熔点，低热膨胀系数，良好的导电、导热和力学性能等基本要求，使其在应用过程中具有较低的损耗率和抵抗变形的能力。电极具有微细结晶的组织结构，这对于降低电极损耗比较有利。一般认为，减小晶粒尺寸可降低电极损耗率。此外，电极材料应使电火花成形加工过程稳定、加工速度快、工件表面质量好，并且电极材料本身应易于加工、来源丰富且价格低廉。

由于电火花成形加工的应用范围不断扩展，对与之相适应的电极材料（包括相应的电极制备方法）也不断提出新的要求。随着材料科学领域相关技术的发展，人们对电火花成形加工的电极材料进行不断地探索和创新，目前在研究和生产中已经使用的电极材料主要有纯铜、铜钨合金、银钨合金及石墨等。由于铜钨合金和银钨合金的价格高，机械加工比较困难，故较少选用，常用的为纯铜和石墨，这两种材料的共同特点是在大脉冲粗加工时都能实现低损耗。

（1）铜电极　纯铜电极（电解铜，俗称紫铜）质地细密、加工稳定性好，相对电极耗损较小，适应性广，适于加工贯通模和型腔模；若采用细管电极，可用于加工小孔；可用电铸法制作电极，用于加工复杂的三维形状，尤其适用于制作精密花纹模的电极。其缺点为精车、精密机械加工困难。

纯铜是电火花加工中应用十分广泛的电极材料。因为电极大部分都采用铜加工，所以在沿海地区把电火花加工用的铜电极称为铜公。

纯铜电极用于电火花成形有以下优势：

1）纯铜塑性好，纯铜电极可机加工成形、锻造成形、电铸成形及电火花线切割成形等。纯铜可用于制造形状复杂的电极。

2）在电火花成形过程中，纯铜电极物理性能稳定，能比较容易地获得稳定的加工状态，不容易产生电弧等不良现象，在较困难的条件下也能稳定加工。

3）精加工中采用低损电规准可获得轮廓清晰的型腔。

4）因纯铜电极组织结构致密，故可获得良好的加工表面质量，配合一定的工艺手段，可进行镜面超光加工。

纯铜电极用于电火花成形有以下不足之处：

1）因材料熔点低，不宜承受较大的电流密度，一般不能用于电流超过30A的电加工，否则会使电极表面严重受损，影响加工效果。

2）电极材料的热膨胀系数较大，在加工深窄结构时，较大电流产生的局部高温很容易使电极变形。

3）纯铜电极通常采用低损耗的加工条件，但由于低损耗加工的平均电流较小，故其生产率不高。

纯铜电极材料适合较高精度模具的电火花成形加工，如加工中、小型型腔，花纹图案，细微部位等。

（2）石墨电极　石墨具有良好的导电性、导热性和可加工性，是电火花成形中广泛使用的工具电极材料。石墨有不同的种类，可按石墨颗粒的大小、材料的密度和力学与电性能进行分级。其中，细级石墨的颗粒和孔隙率较小，力学强度较高，价格也较贵，用于电火花成形时通常电极损耗率较低，但材料去除率相应也要低一些。市场上供应的石墨等级的颗粒平均大小在 $20\mu m$ 以下，选用时主要依据电极的工作条件（粗加工、半精加工或精加工）和电极的几何形状。工件加工表面的粗糙程度与石墨颗粒的大小有直接关系，通常颗粒平均尺

寸在 $1\mu m$ 以下的石墨等级专门用于精加工。石墨种类的选择主要取决于具体的电火花成形对材料去除率和电极损耗率的要求。

石墨电极用于电火花成形有以下优势：

1) 机械加工性能优良，切削阻力小，容易磨削，很容易制造成形，无加工毛刺。

2) 能适应数百安电流的放电脉冲能量；在大电流的粗加工中，加工速度快，电极损耗率小。

3) 密度小，只有纯铜电极的 1/5，使得大型电极制作和准备作业更容易。

4) 对于超高（高度为 $50\sim90mm$）、超薄（厚度为 $0.2\sim0.5mm$）的电极，电火花成形时不易变形。

5) 石墨电极材料的价格一般是纯铜电极材料的 1/2。

石墨电极用于电火花成形有以下不足之处：

1) 在排屑困难的加工情况下，比纯铜电极更容易产生异常电弧，给加工造成不良的结果。

2) 采用石墨电极进行数控加工时，产生的粉尘比较大，粉尘有毒性，这就要求机床应有相应的处理装置，必须要有专门的石墨加工机，机床密封性要好。

石墨电极特别适用于加工蚀除量较大的型腔，在大面积加工的情况下能实现低损耗、高速粗加工，如在大型塑料模、锻模、压铸模等模具的电火花成形中可发挥其独特的加工优势。石墨材料因其重量轻，常用于大型电极的制造，并且其热变形小，是用于加工精度要求高的深窄缝条的首选电极材料。

（3）铜钨合金电极　铜钨合金电极在电火花成形中使用较少，只有在高精密模具及一些特殊场合的电火花成形中才被采用。常用的铜钨合金电极中钨的质量分数为 75%、铜的质量分数为 25%。

由于铜钨合金电极中的含钨量高，熔点将近 $3400\,℃$，可以有效地抵御电火花成形时的损耗，能保证极低的电极损耗。铜钨合金电极在极困难的加工条件下也能实现稳定加工，能加工出高质量的表面。但铜钨合金电极材料来源困难，价格昂贵。

（4）铸铁电极　铸铁电极的主要特点是制造容易，价格低廉，材料来源丰富，放电加工稳定性也较好，其机械加工性能好，与凸模粘接在一起成形磨削也较方便，特别适用于复合式脉冲放电加工，电极损耗率一般在 20% 以下，最适合加工冲模。

（5）钢电极　和铸铁电极相比，钢电极加工稳定性差，效率也较低，但它可以用于将电极和冲头合为一体，一次成形，易保证精度，可减少冲头与电极的制造工时。钢电极的电极耗损与铸铁电极相似，适合"钢打钢"冲模的加工。

2. 电极数量的确定

在放电加工中，为保证达到图样要求的表面粗糙度值，采用多个电极进行加工是一种有效手段。可根据表 1-6 确定电极数量。

表 1-6　电极数量的确定

比较条件	无平动加工时的电极数量	有平动加工时的电极数量
$Ra_{条件} = Ra_{图样}$	1 个	1 个
$Ra_{条件} < Ra_{图样} \times 4$	2 个	1 个
$Ra_{条件} = Ra_{图样} \times 4$	3 个	2 个

注：$Ra_{条件}$—根据放电加工面积和电极基本形状选择的初始加工条件（电规准）进行放电加工能够达到的表面粗糙度值。

$Ra_{图样}$—图样要求的表面粗糙度值。

3. 确定电极公差

精确的电极尺寸对加工精密工件而言是必不可少的。一般情况下，电极的尺寸公差是工件的尺寸公差的一半，即精加工电极的尺寸公差＝工件的尺寸公差/2；而粗加工电极的尺寸公差可比精加工电极的尺寸公差大。

4. 确定减寸量

减寸量是指电极和欲加工型面之间的尺寸差。采用无平动加工时，粗加工电极的减寸量由安全间隙确定，精加工电极的减寸量由放电间隙确定（安全间隙、放电间隙参照相应电规准参数表）；采用平动加工时，所有电极的减寸量相同。如果放电加工结束之后仍需进行研磨抛光，则必须考虑预留抛光余量，即预留再加工余量。

再加工余量的确定依据：加工钢时，抛光余量＝3×精加工表面粗糙度 Ra_{max}；加工硬质合金时，抛光余量＝5×精加工表面粗糙度 Ra_{max}。

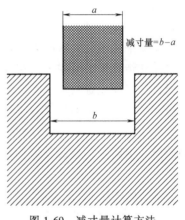

减寸量计算方法如图1-69所示。

5. 加工条件的设定

（1）精加工条件确定　精加工的最后一个加工条件是根据工件的表面粗糙度要求来确定的，因为工件要求的表面粗糙度值是靠精加工最后一个加工条件来达到的。

（2）粗加工条件的确定　粗加工的第一个加工条件是根据放电面积与电极缩放量来确定的。首要的因素是放电面积，如果放电面积较小，就只能选择较小的加工条件；

图1-69　减寸量计算方法

其次是电极缩放量，在加工面积允许的情况下，电极缩放量越大，选用的放电条件可以越大。

（3）半精（中间）加工条件的确定　确定中间各工序的加工条件，是为了使粗加工表面达到最终要求的表面粗糙度值，使工件表面粗糙程度逐步降低，达到加工要求。作为下一个放电条件，每次将表面粗糙度值降低1/2是分段加工的常用方法。两个相邻加工条件间的表面粗糙度 Ra 值之差不能超过目标 Ra 值的4倍。

6. 加工深度的计算

电火花成形在转换加工条件的过程中，确定电极每一步深度方向的进给量和平动加工中侧向的平动量，对电火花加工效率与加工质量有很大的影响。

每一个加工条件的转换，应保证在修光前一个加工条件的放电痕迹的前提下，尽可能地减小加工量，以提高电火花加工效率。不允许出现"欠修"现象。

（1）计算法

1）计算加工深度的理想原则：下一工序加工条件产生的电蚀坑正好与上一工序产生的凹坑齐平。既修光了加工面，又使去除量最小，得到尽可能高的加工速度和尽可能低的电极损耗。

2）加工深度的计算公式：

$$Z_\Delta = a_1 + b_1 - a_2 - b_2$$

式中　Z_Δ——加工深度；

　　　a_1——上一工序加工条件的放电间隙；

　　　a_2——下一工序加工条件的放电间隙；

　　　b_1——上一工序加工条件的表面粗糙度值；

　　　b_2——下一工序加工条件的表面粗糙度
　　　　　值，如图 1-70 所示。

（2）经验法　计算加工深度的理想原则是
基于理论模型。在实际加工中，要偏向安全的角
度来考虑，要使每步加工都将上一步电规准形成
的表面加工痕迹完全蚀除掉，考虑到要去掉表面
热影响层，可再增加一个合适的过修量，这样就
可以安全地得到所要求的表面粗糙度值。

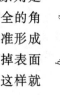
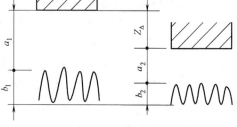

图 1-70　加工深度方法

一般情况下，数控电火花成形机床生产厂家
会提供各种固化好的加工参数表，表中都注明了加工条件的安全间隙、放电间隙与表面粗糙
度值，使加工深度的计算变得很简单。

在实际放电加工中，根据经验计算加工深度时，前面的加工段只需用目标深度减去安全
间隙的一半即可；最后一段的加工深度不再留安全余量，以目标深度减去放电间隙的一半
即可。

为了概述方便，现引入以下常用概念（图 1-71）。

1）单侧放电间隙：加工时电极与工件之间产生
火花放电的一层间隙，用 Gap 表示。

2）放电间隙：机床参数表中的放电间隙指的是
2 倍的单侧放电间隙，即 2Gap。

3）安全间隙：包含了放电间隙、Ra_{max} 及安全
余量，即安全间隙 $M = 2Gap + 2Ra_{max} +$ 安全余量。

4）表面粗糙度：用 Ra、Ra_{max} 表示，单位为
μm，一般 $Ra_{max} = (4 \sim 8) Ra$。

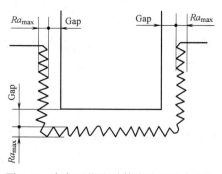

图 1-71　与加工深度计算有关的基本概念

7. 电极结构

一个完整的电极由产品成形部分、避空直身位、打表分中位和基准角组成，如图 1-72
所示。

（1）产品成形部分　它是电极的核心组成部分，若缺了它或者这部分损坏，则整个电
极就失去意义。电极在电火花成形机床上对模具进行放电加工，模具型腔（产品表面形状）

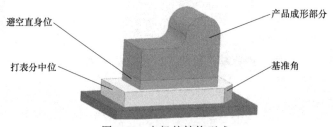

图 1-72　电极的结构型式

就是由这个部分来成形的。电极的成形表面相当于把产品表面沿着曲面法线方向向内等距一个火花放电距离而得到的曲面。

（2）避空直身位　避空直身位的侧面是直壁，它在放电加工中的作用就是保证型腔在加工到需要的深度后打表分中位时不至于碰到模具表面，也就是起避空作用。

（3）打表分中位　在加工模具时，模坯的形状是一个长方体，需要通过找正、分中，把工件放平整，找到产品中心，这样才能把预期想要的加工部分准确地成形到模具上；电极有了产品成形部分和避空直身位两部分还不够，还必须有能够把电极放正、定位的结构部件，即打表分中位。

（4）基准角　电极一般都需要有一个或两个基准角。电极在对模具进行电火花成形加工时，需要正确安装，基准角就是用来校核电极与模具的相对方向的。

电极的以上四个结构缺一不可，因为每一部分都有各自的作用，缺少任意一个部分电极都将无法正常使用。

8. 电极的制造

纯铜电极可采用电火花线切割、电火花磨削、一般机械加工、电铸等方式来制造。石墨电极应采用质细、致密、颗粒均匀、气孔率小、灰粉少、强度高的高纯石墨制造。由于石墨是一种在加压条件下烧结而成的碳素材料，所以有一定程度的各向异性。使用时应采用石墨坯块的非侧压方向一面作为电极端面，否则在加工中电极易剥落、损耗大。

电极制造方法有机械加工、加压振动成形、成形烧结、镶拼组合、超声加工、电火花线切割等。

（1）机械加工　这是最常用的制造电极的方法，适用于石墨、纯铜等电极材料。其特点是用普通的切削机床和刀具即可完成加工，一般用于单件或少量电极的加工。

使用数控机床进行电极加工，可以完成型面复杂的电极制造。如果型腔本身也是使用数控机床进行加工，则型腔与电极成互补关系，可以获得很高的加工精度，并且后续的工作量少。数控机床通常只能加工纯铜电极，而石墨电极的加工会产生很大粉尘，会减少机床的寿命。

目前，石墨电极的制作有专门的石墨数控（CNC）高速加工机，对于超高（高度为50~90mm）、超薄（厚度为0.2~0.5mm）的电极，加工时不易变形。做成整体电极时，存在种种隐性清角，由于石墨易修整的特性，使这一难题很容易得到解决。对石墨的切削加工，很容易使刀具磨损，一般建议用硬质合金或金刚石涂层的刀具。粗加工时，刀具可直接在工件上下刀；精加工时，易发生崩角、碎裂的现象，常采用轻刀快走的方式加工，背吃刀量可小于0.2mm。使用数控机床加工石墨电极时，产生的粉尘比较大，粉尘有毒性，这就要求机床应有相应的处理装置，机床密封性要好。在加工前将石墨在煤油中浸泡一段时间也是防止加工产生崩角、减少粉尘的一种方法。

（2）电火花线切割　这也是目前很常用的一种电极加工方法，可以完成具有复杂形状的电极加工。如对于薄片类电极，用机械加工很难完成，而使用电火花线切割可以获得较高的切割速度和加工精度。但线切割很难加工石墨材料。

（3）振动成形　石墨电极的制造工期长，劳动条件差，并且在制造多个电极时很难控制精度，而采用振动成形可以方便地将石墨制成符合各种要求的成形电极。振动成形的特点是效率高，一般用于批量电极的加工；缺点是必须制造母模，并需要使用专用压力振动加工机进行加工。

（4）电铸加工　这种加工方法适用于制造纯铜电极。加工时，用可导电的原模作为阴极，用电铸材料（纯铜）作为阳极，用电铸材料的金属盐（例如硫酸铜）溶液作为电铸液，在直流电源的作用下，阳极上的金属原子失去电子成为正金属离子进入电铸液，并进一步在阴极上获得电子成为金属原子而沉积镀覆在阴极原模表面，阳极金属源源不断地成为金属离子补充进入电铸液，保持浓度基本不变，阴极原模上电铸层逐渐加厚，当电铸层达到预定厚度时即可取出，再设法与原模分离，即可获得与原模型面凹凸相反的电铸件，即电极。

电铸加工有如下特点：

1）能准确、精密地复制复杂型面和细微纹路。

2）能获得尺寸精度高、表面粗糙度 Ra 值小于 $0.1\mu m$ 的复制品，与原模生产的电铸件一致性极好。

3）借助石膏、石蜡、环氧树脂等作为原模材料，可把复杂零件的内表面复制为外表面，外表面复制为内表面，然后再电铸复制，适应性广泛。

电铸加工制造电极的缺点是加工周期长、成本较高，并且电极质地比较疏松，电加工时电极损耗较大。

【任务实施】

1. 电极设计

（1）电极材料的选择 一般而言，常用电极材料可以选择纯铜或者石墨，这主要是从经济效益、生产效益及方便制作等几个方面综合考虑的。若从环境保护方面考虑，电极材料首选纯铜。因此本任务中的放电加工电极材料选择纯铜，即确定基本工艺为用纯铜做电极，放电加工钢材料。

（2）电极数量的确定 为了降低电极损耗对加工尺寸的影响，根据铜打钢最小损耗参数表（表1-7）选择相关参数。根据图1-63所示图样尺寸，可计算出放电加工面积大约为 $20cm^2$。根据加工面积查表1-7选择粗加工条件号为115，其所能达到的底面表面粗糙度值为 $Ra16.7\mu m$，侧面表面粗糙度值为 $Ra13.4\mu m$，远大于图样要求的表面粗糙度值的4倍以上，因此采用3根电极，即粗加工→半精加工→精加工。

（3）电极尺寸公差的确定 精加工电极的尺寸公差取工件尺寸公差的一半，即精加工电极尺寸公差＝工件尺寸公差/2，而粗加工电极及半精加工电极的尺寸公差可比精加工电极的尺寸公差大，如图1-73所示。

（4）加工条件的确定 由图1-63可知，工件底面、侧面表面粗糙度值要求都为 $Ra1.6\mu m$，查表1-7，加工条件号为104的底面表面粗糙度值可达 $Ra1.5\mu m$，侧面表面粗糙度值可达 $Ra1.2\mu m$，满足图样要求，因此最终精加工条件号选择104；而粗加工条件号根据加工面积选择115；中间过渡半精加工条件号选择需满足两个相邻加工条件间的 Ra 值之差不能超过目标值的4倍这个基本要求，查表1-7，满足这个基本要求的条件号为108。因此该工件的加工条件号顺序为：115→108→104。

（5）电极减寸量的确定 由于精加工后基本满足图样要求，所以后续不再安排研磨或抛光等工序，也不需要预留加工余量。故粗加工电极及半精加工电极的减寸量由条件号115和108的安全间隙确定，而精加工电极的减寸量由条件号104的放电间隙确定，即粗加工电极减寸量为1.65mm，半精加工电极减寸量为0.27mm，精加工电极减寸量为0.05mm。具体电极尺寸如图1-73所示。

表 1-7　铜打钢最小损耗参数表

条件号	面积/cm²	安全间隙/mm	放电间隙/mm	加工速度/(mm³/min)	损耗(%)	侧面表面粗糙度值 Ra/μm	底面表面粗糙度值 Ra/μm	极性	空载电压/V	管数	脉冲宽度/μs	电容	脉冲间隔/μs	基准电压/V	伺服速度/(mm/s)	脉冲间隙/μs	基准电压/V
100			0.01					−	100	3	2	0	2	85	8	2	85
101		0.046	0.035			0.56	0.7	+	100	2	9	0	6	80	8	2	65
103		0.055	0.045			0.8	1	+	100	3	11	0	7	80	8	2	65
104		0.065	0.05			1.2	1.5	+	100	4	12	0	8	80	8	2	64
105		0.085	0.055			1.5	1.9	+	100	5	13	0	9	75	8	2	60
106		0.12	0.065			2	2.6	+	100	6	14	0	10	75	10	2	58
107		0.17	0.095			3.04	3.8	+	100	7	16	0	12	75	10	3	52
108	1.00	0.27	0.16	13	0.1	3.92	5	+	100	8	17	0	13	75	10	4	52
109	2.00	0.4	0.23	18	0.05	5.44	6.8	+	100	9	19	0	15	75	12	6	52
110	3.00	0.56	0.31	34	0.05	6.32	7.9	+	100	10	20	0	16	70	12	7	52
111	4.00	0.68	0.36	65	0.05	6.8	8.5	+	100	11	20	0	16	70	15	7	52
112	6.00	0.8	0.45	110	0.05	9.68	12.1	+	100	12	21	0	16	65	15	8	52
113	8.00	1.15	0.57	165	0.05	11.2	14	+	100	13	24	0	16	65	15	11	52
114	12.00	1.31	0.7	265	0.05	12.4	15.5	+	100	14	25	0	16	58	15	12	52
115	20.00	1.65	0.89	317	0.05	13.4	16.7	+	100	15	26	0	17	58	15	13	52

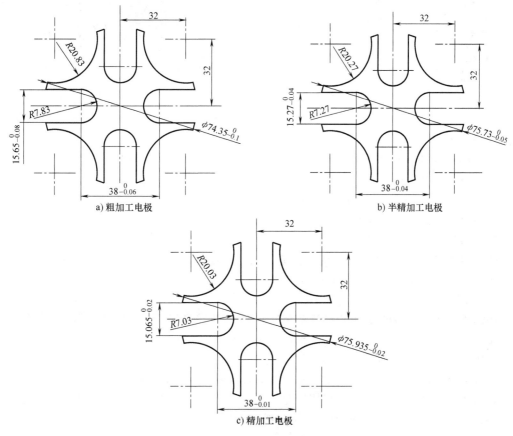

a) 粗加工电极　　　　　　　　　　b) 半精加工电极

c) 精加工电极

图 1-73　电极尺寸

（6）加工深度的计算　查表 1-7，计算各加工条件下的加工深度，结果见表 1-8。

表 1-8　各加工条件下的加工深度

条件号	115	108	104
确定方法	取安全间隙值的一半		取一个 Gap 值
加工深度 Z_Δ/mm	19.175	19.865	19.975

（7）电极结构及加工方法确定　考虑方便装夹、定位及找正，电极结构设计如图 1-74 所示。根据电极结构及现场设备情况，采用数控加工中心进行电极加工。避空直身位可以采用钳工加工，电极采用螺钉紧固的方式与电火花成形机床的通用夹头连接。加工电极时，要注意基准角的方向须统一，以便于后面的电极装夹、定位，从而保证模具型腔的加工精度。

2. 工件、电极的装夹与定位

工件用永磁吸盘装夹在工作台上，用千分表打表找正后吸紧；电极用通用夹头装夹在电火花成形机床主轴上，用千分表打表找正后利用机床的自动找中心【柱中心】功能将电极自动定位到工件中心。工件和电极装夹时需注意基准的统一，装夹和找正后的工件、电极定位如图 1-75 所示。

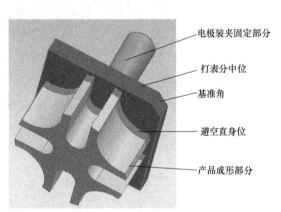

图 1-74　电极结构设计示意图

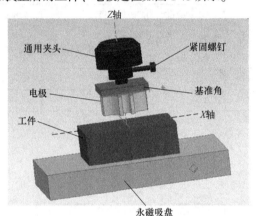

图 1-75　工件、电极装夹和找正示意图

3. 程序编制

O1122（程序名）

N001 H001＝20.0（mm）；（赋值语句）（N001 为程序序号，可省略，下同）

N002 H002＝10.0（mm）；（赋值语句）

N003 G90；（绝对坐标编程）

N004 G54；（指定坐标系）

N005 G30 Z＋ ；（指定抬刀方向：向 Z 轴正方向抬刀）

N006 G80 Z－；（沿 Z 轴负方向接触感知）

N007 Z0；（设定电极当前点为坐标原点）

N008 M05 G00 Z＋H002；（忽略接触感知，Z 轴快速回退到安全位置 Z＝＋10.0mm 处）

N009 G00 Z＋0.5；（Z 轴快速移动到待加工表面上方 0.5mm 处）

N010 C115；（调用 C115 电规准，粗加工）

N011 G01 Z＋0.825－H001；（直线加工，到 Z＝－19.175mm 处结束）

N012 M05 G00 Z＋H002；（忽略接触感知，Z 轴快速回退到安全位置 Z＝＋10.0mm 处）

N013 M00；（加工暂停，更换半精加工电极）

N014 G00 Z＋0.5；（Z 轴快速移动到待加工表面上方 0.5mm 处）

N015 C108；（调用 C108 电规准，半精加工）

N016 G01 Z+0.135-H001；（直线加工，到 Z=-19.865mm 处结束）

N017 M05 G00 Z+H002；（忽略接触感知，Z 轴快速回退到安全位置 Z=+10.0mm 处）

N018 M00；（加工暂停，更换精加工电极）

N019 G00 Z+0.5；（Z 轴快速移动到待加工表面上方 0.5mm 处）

N020 C104；（调用 C104 电规准，精加工）

N021 G01 Z+0.025-H001；（直线加工，到 Z=-19.975mm 处结束）

N022 M05 G00 Z+H002；（忽略接触感知，Z 轴快速回退到安全位置 Z=+10.0mm 处）

N023 T85；（关泵）

N024 M02；（加工结束，程序停止）

4. 加工

将编制好的程序调入苏州新火花 SPM440B 成形机床后进行放电加工（具体方法参看下面相关内容），加工的产品如图 1-76 所示。特别提醒：程序执行完毕，需现场测量加工深度是否达到图样要求，因为在加工过程中电极的损耗可能会影响实际加工深度。如果实测加工深度超出图样公差范围，则需要对深度进行补充加工。

图 1-76　产品实物图

【任务训练与考核】

1. 任务训练

工件如图 1-77 所示，试用多电极更换法在苏州新火花 SPM400B 成形机床上完成电极的设计、制造及工件的加工。

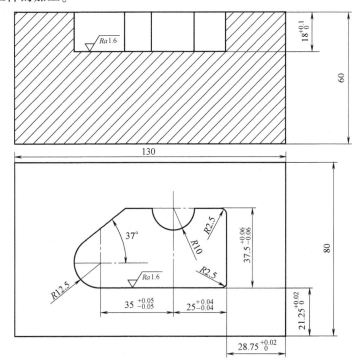

图 1-77　多电极更换法加工型腔

2. 任务考核（表1-9）

表1-9　多电极更换法型腔加工任务考核表

任务考核项目	考核内容	参考分值	考核结果	考核人
素质目标考核	遵守规则	5		
	课堂互动	10		
	团队合作	5		
知识目标考核	多电极更换型腔加工条件选择	5		
	放电加工指令代码应用	5		
	放电加工程序编制	10		
	电极的设计、制造	10		
能力目标考核	工件、电极的装夹与找正	15		
	型腔加工	20		
	苏州新火花SPM400B成形机床操作与维护	15		

【思考与练习】

1. 接触感知的作用是什么？如何解除该功能？
2. 多电极更换法加工型腔一般应用在什么场合？
3. 简述电极设计的步骤。
4. 电极制造有哪些方法？
5. 电极一般由哪些部分构成？
6. 产品尺寸如图1-78所示，采用多电极更换法加工型腔，试编制放电加工程序。

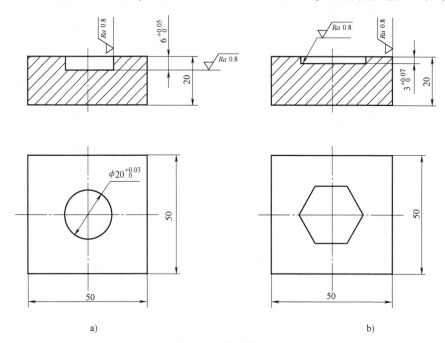

a)　　　　　　　　　　　　　　　　b)

图1-78　编程练习

任务4　单电极平动法型腔加工

【任务导入】

所谓平动，即在原轴基础上，其他两轴反复进行特定程序的合成动作的微量加工方法，此合成运动简称平动。目前实现平动加工的方法一般有两种：一是利用数控电火花成形机床的数控系统对 X、Y、Z 轴等多个轴实现插补控制进行平动加工，这种方法虽成本高，但加工效果好；二是对于只有单轴数控功能（Z 轴）的电火花成形机床而言，一般只需在主轴上加装平动夹头即可实现平动加工，这种方法虽成本低，但加工效果不是很好。

平动加工是电火花成形机床的一个重要功能。平动加工不但可以提高加工效率，获得良好的表面质量，而且可以减少电极的制造难度，使用单个电极即可完成工件的粗、中、精加工，还可以弥补电极制造过程中产生的少量误差。

工件图如图 1-79 所示，通过对相关知识的学习，试使用苏州新火花 SPM400B 成形机床完成该工件的电火花加工。

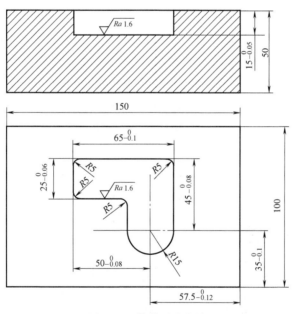

图 1-79　模具型腔产品

【相关知识】

1.4.1　平动加工的作用

由于数控平动加工轨迹是靠数控系统来控制的，所以具有灵活多样的模式，能适应复杂形状加工的需要，其主要作用如下：

1）逐步修光侧面和底面。平动加工由于在所有方向上发生均匀的放电，所以可以得到均匀微细的加工表面。

2）精确控制尺寸精度。通过改变平动量，可以很容易地得到指定的尺寸，提高了加工精度。

3）可加工出清棱、清角的侧壁和底边，如图 1-80 所示。

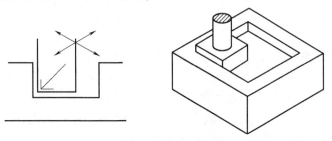

图 1-80　平动加工清棱、清角的侧壁

4）变全面加工为局部加工，可改善加工条件，有利于排屑和稳定加工，提高加工速度。

5）由于尖角部位的损耗小，所以电极数量可以减少。

6）可以加工型腔侧壁上的凹槽，如图 1-81 所示，同理，也可实现内螺纹加工。

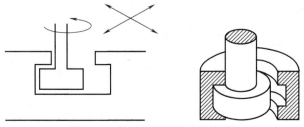

图 1-81　加工型腔侧壁上的凹槽

1.4.2　平动数据

平动数据包括平动方式（OBT）和平动半径（STEP），格式为

$$OBT * * *　STEP * * * *$$

其中，OBT 为平动方式，后跟 3 位数字，其含义如图 1-82 所示；STEP（简称 S）为平动半径，后跟 4 位数字表示电极平动运动的半径值，单位为 μm。

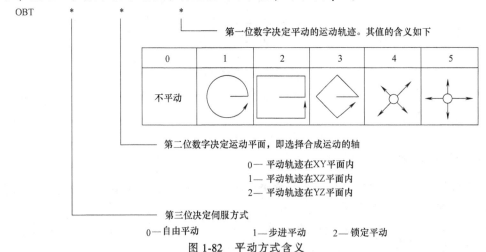

图 1-82　平动方式含义

平动方式数据可查表1-10。

表 1-10 平动方式数据

伺服方式	运动平面	运动轨迹					
		不平动					
自由平动	XY 平面	000	001	002	003	004	005
	XZ 平面	010	011	012	013	014	015
	YZ 平面	020	021	022	023	024	025
步进平动	XY 平面	100	101	102	103	104	105
	XZ 平面	110	111	112	113	114	115
	YZ 平面	120	121	122	123	124	125
锁定平动	XY 平面	200	201	202	203	204	205
	XZ 平面	210	211	212	213	214	215
	YZ 平面	220	221	222	223	224	225

1. 自由平动

X、Y、Z轴中选定一个轴进行标准伺服，其他两个坐标轴进行平动运动。

2. 步进平动

主轴进行步进伺服，其他两个坐标轴进行平动运动。

3. 锁定平动

锁定平动是指在单轴加工中，主轴停止伺服，只进行平动动作，即主轴首先移动到规定的坐标位置，然后立即停止，再进行规定的平动动作。

[例 1-12]　　G54 G90；

　　　　　　G00 Z1.0；

　　　　　　OBT001 STEP0200；

　　　　　　G01 Z-5.0；

　　　　　　M02；

程序说明：该程序主要执行Z轴在向Z=-5.0mm处加工的同时，X、Y轴开始做平动加工（XY平面），平动半径为0.2mm。当Z轴加工到Z=-5.0mm处时，程序结束。

[例 1-13]　　G54 G90；

　　　　　　G00 Z1.0；

　　　　　　OBT101 STEP0200；

　　　　　　G01 Z-2.0；

　　　　　　G01 Z-5.0；

　　　　　　M02；

程序说明：该程序先执行Z轴加工，到Z=-2.0mm处时停止加工，然后X、Y轴开始做平动加工（XY平面），平动半径为0.2mm。当平动加工结束后，Z轴再继续加工到Z=-5.0mm处时，X、Y轴又开始做平动加工（XY平面），平动半径为0.2mm。当平动加工结束后，主程序结束。

[例1-14]　　G54 G90；

G00 Z1.0；

OBT201 STEP0200；

G01 Z-5.0；

M02；

程序说明：该程序主要先执行 Z 轴加工，到 Z=-5.0mm 处后停止运动，X、Y 轴开始做平动加工（XY平面），平动半径为 0.2mm。当平动加工完成后，主程序结束。该平动方式主要用于侧面凹槽、螺纹等的加工。

需要说明的是，这里介绍的平动数据是参考苏州新火花机床有限公司及北京阿奇夏米尔技术服务有限责任公司两家电火花成形机床厂的机床操作说明而来的。由于生产厂家不同，可能对平动数据的规定不完全相同，所以在加工前请认真阅读生产厂家的相关说明。

1.4.3　平动加工

由于各厂家生产的数控电火花成形机床的加工菜单功能大同小异，所以下面主要以苏州新火花 SPM400B 成形机床为例简单介绍加工参数的设置。

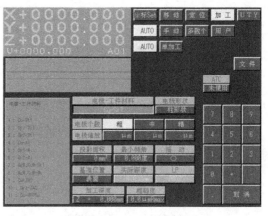

图 1-83　AUTO 加工界面

1. AUTO 加工

在主菜单中按【加工】按钮，并在随之出现的四种加工种类中按【AUTO】模块按钮，再在子模式中按【AUTO】按钮，屏幕显示 AUTO 加工界面，如图 1-83 所示。

在 AUTO 加工界面上，必须先输入加工条件以自动算出所需的数据，然后系统根据输入的加工要求和加工数据算出从粗加工到精加工应有的加工条件，最后自动生成该项加工的数控程序并进行加工。

在 AUTO 加工界面上有下列输入项目：

（1）材料组合　选择输入用作电极的材料。按【电极-工件材料】按钮时，在屏幕的左下方显示帮助界面，如图 1-84 所示。

在【电极-工件材料】的选择说明中使用的电极和工件材料的详情如下。

1：Cu 为纯铜；Stl 泛指钢；意为用铜作为电极加工钢材工件，简称"铜-钢"。

2：Gr1 为细石墨，Stl 泛指钢；简称"细石墨-钢"。

3：Gr2 为普通石墨，Stl 泛指钢；简称"普通石墨-钢"。

4：Cu 为纯铜，Al 为铝；简称"铜-铝"。

5：Gr1 为细石墨，Al 为铝；简称"细石墨-铝"。

6：Gr2 为普通石墨，Al 为铝；简称"普通石墨-铝"。

7：AgW 为银钨，CuW 为铜钨；Stl 泛指钢；简称"银钨-钢"或"铜钨-钢"。

8：AgW 为银钨，CuW 为铜钨；Wc 为硬质合金；简称"银钨-硬质合金"或"铜钨-硬质合金"。

9：Cu 为纯铜，ZAS 为锌合金；简称"铜-锌合金"。

10：Gr1 为细石墨，ZAS 为锌合金；简称"细石墨-锌合金"。

11：Cu 为纯铜，HR750 为铜合金；简称"铜-铜合金"。

（2）电极形状 选择加工用电极的形状。按【电极形状】按钮后，屏幕的左下角显示帮助界面，如图 1-85 所示。

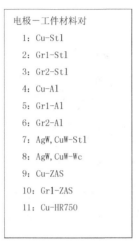

图 1-84 电极-工件材料对选择界面

图 1-85 电极形状选择界面

电极的形状有如下四种：

1）柱形状，包括棱柱体和圆柱体，如图 1-86 所示。用于电极的底面是平面的场合，与电极的断面形状（圆、四角等）是没有关系的。

2）楔形，如图 1-87 所示。像缝隙加工那样，用于投影面积的纵边与横边中有某一边特别狭窄的场合。

3）锥形状，包括棱锥及圆锥，随着加工的进行投影面积会发生变化，如图 1-88 所示。用于电极底面是点的场合，与电极的断面形状（圆、四角等）没有关系。

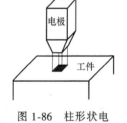

图 1-86 柱形状电极示意图

4）凸模，即根据逆放电进行凸模加工用的电极，如图 1-89 所示。选择凸模时，把工件安装到机床主轴上，电极安装到工作台上，用于孔形状的电极将工件加工成柱形状的场合。

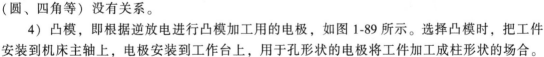

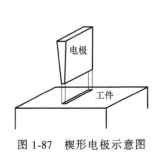

图 1-87 楔形电极示意图

图 1-88 锥形状电极示意图

（3）电极个数及电极缩放量　AUTO 加工时，使用电极的数量分为粗、中、精三种。与电极个数对应的输入项是电极缩放量。电极缩放量的初始显示是"μm"，若使用粗加工电极，则在与电极个数为【粗】对应的电极缩放量输入项中输入电极的缩放量，如图 1-90 所示。

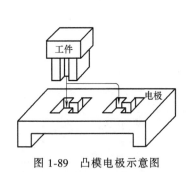

图 1-89　凸模电极示意图

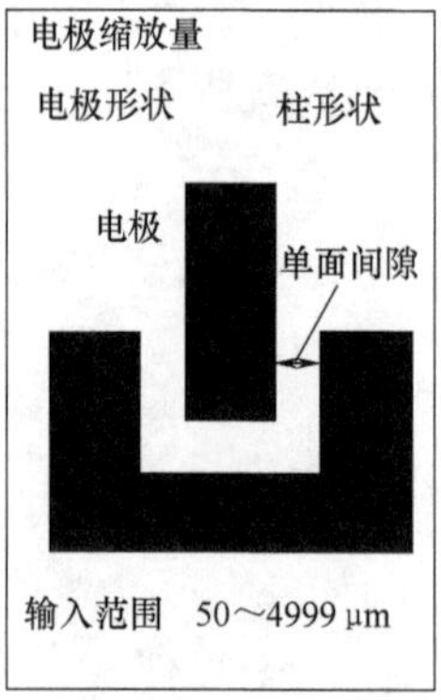

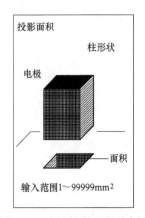

图 1-90　电极单面缩放量示意图

（4）投影面积　按【投影面积】输入按钮，则在屏幕左下角显示帮助界面，如图 1-91 所示。放电加工的能量，与电极的投影面积有很大的关系。因此，要尽量正确计算（或者测定）电极的投影面积，然后再输入。

（5）最小倾角　按【最小倾角】输入按钮，屏幕左下角显示帮助界面，如图 1-92 所示。

图 1-91　电极投影面积示意图

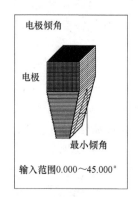

图 1-92　电极倾角帮助界面

这里所指的倾角，是指电极的侧面的倾斜度。根据所选的电极形状的不同，倾角的意义有所不同。

1）最小倾角：电极为柱形状时的倾斜度。

2）楔形倾角：电极为楔形时，电极的倾斜度。

3）锥形倾角：电极为锥形时，电极的倾斜度。

当电极的侧面与 Z 轴平行时，输入 0；当电极侧面与 Z 轴成一定角度时，输入该角度。

（6）摇动　按【摇动】输入按钮，屏幕的左下方显示帮助界面，如图 1-93 所示。

摇动的类型有三种：

1）○（在 XY 平面上进行圆形的摇动）。

2）□（在 XY 平面上做正方形运动的摇动）。

3）象限区间（在各象限中做指定的摇动）。

按数字按钮，输入所用摇动类型的序号。

（7）基准位置　按【基准位置】输入按钮，屏幕左下角显示帮助界面，如图 1-94 所示。基准位置包括表面位置和任意位置。

1）基准位置（表面）：把基准位置设定在工件的表面。

2）基准位置（任意）：把基准位置设定在任意位置。

图 1-93　摇动帮助界面

图 1-94　基准位置选择帮助界面

（8）加工深度和实际深度　按【加工深度】输入按钮，屏幕左下角显示帮助界面，如图 1-95 所示。加工深度输入 Z 轴坐标值，加工结束位置依照基准位置（Z＝0），在基准位置上方时为"＋"，在下方时为"－"。

（9）精加工表面粗糙度　按【粗糙度】输入按钮，屏幕左下角显示帮助界面，如图 1-96 所示。

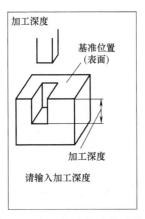

图 1-95　加工深度设定帮助界面

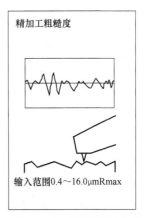

图 1-96　精加工表面粗糙度设定帮助界面

根据电极材料、工件材料及电极投影面积等项目的输入数据不同，能够输入的精加工表面粗糙度的范围值也不同。

［AUTO 加工操作实例］　使用图 1-97 所示的电极与工件，进行孔 1 的加工。

条件及要求：电极的成形部分为四棱柱。用一个电极进行从粗到精的加工；电极的底面

积为 $100mm^2$；电极缩放量为 $300\mu m$；电极材料为纯铜；工件材料为铜合金 HR750；以工件的表面作为基准位置，加工深度为 Z = -3.00mm；最终精加工表面粗糙度值为 $Ra_{max}10\mu m$。

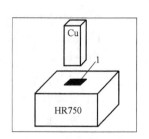

图 1-97　AUTO 加工
操作实例示意图

具体步骤：

1）把电极移动到工件的上方附近。

2）在定位（端面）模块中，把工件的表面设定为基准位置。按【加工】→【AUTO】按钮，进入 AUTO 加工模块。

3）按【电极-工件材料】输入按钮，按数字按钮输入数字。

4）按【电极形状】输入按钮，再按数字按钮输入数字。

5）按对应于电极个数为【1】的电极缩放输入按钮，再按数字按钮输入数字。

6）按【投影面积】输入按钮，按数字按钮输入数字。

7）按【基准位置】输入按钮，选择工件的表面。

8）按【加工深度】输入按钮，按【—】按钮和数字按钮输入加工深度。

9）按【粗糙度】输入按钮，按数字按钮输入精加工表面粗糙度值。

10）按［ENT］键后，系统开始作自动加工。

2. 用户加工

用户加工是指用户自行编制数控加工程序的加工方法。用户加工分为三类，即执行在硬盘上的数控程序、在软盘上的数控程序和在外部装置上的数控文件。以下分别介绍这三种数控程序的执行方法。

（1）硬盘用户加工　硬盘用户加工是指执行硬盘用户领域的数控程序。

在【加工】模块下按【用户】按钮，即出现【硬盘】和【软盘】子模式按钮以供选择。按【硬盘】按钮，屏幕显示硬盘用户加工界面，如图 1-98 所示。

硬盘用户加工界面的输入项目如下。

1）"动作类型"【加工】/【干】按钮：从二者中选择一种并按相应按钮。

2）"单步加工"【ON】/【OFF】按钮：从【ON】和【OFF】按钮中选择一个按钮。按【ON】按钮，表示用户的数控程序执行单步加工；按【OFF】按钮，表示用户的数控程序不执行单步加工。

3）用户数控文件表：在用户数控文件表中列出了在硬盘上用户的数控文件名及此文件的注释。从表中选取需要执行的文件名，按此文件按钮，则屏幕切换成此文件的数控指令内容显示界面，如图 1-99 所示。

选择文件后，按［ENT］键，系统按照该数控文件中的指令进行加工。

（2）软盘用户加工　软盘用户加工是指执行用户准备的软盘内的数控程序。

在【用户】加工模块中，按【软盘】子模式按钮，屏幕显示软盘用户加工界面，如图 1-100 所示。

软盘用户加工界面有以下输入项。

1）"动作类型"【加工】/【干】按钮：从二者中选择一种并按相应按钮。

2）"单步加工"【ON】/【OFF】按钮：从【ON】和【OFF】按钮中选择一个按钮。按【ON】按钮，表示用户的数控程序执行单步加工；按【OFF】按钮，表示用户的数控程序不执行单步加工。

3）用户数控文件表：在用户数控文件表中列出了在软盘上用户的数控文件名及此文件的注释。从表中选取需要执行的文件名，按此文件按钮，则屏幕切换成此文件的数控指令内容显示界面，如图 1-101 所示。

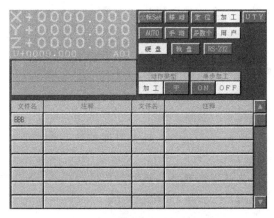

图 1-98　硬盘用户加工界面

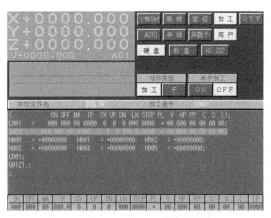

图 1-99　用户数控文件表（硬盘）

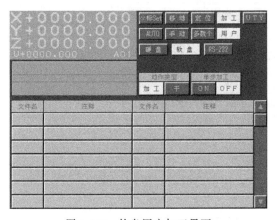

图 1-100　软盘用户加工界面

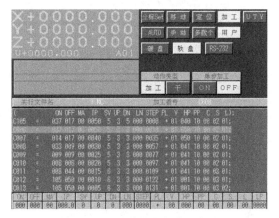

图 1-101　用户数控文件表（软盘）

选择文件后，按 ［ENT］ 键，系统按照该数控文件中的指令进行加工。

［用户加工操作实例］ 利用软盘用户领域中的数控程序 "USERNC" 进行加工。按程序加工时采用干加工且不执行单步加工。

具体步骤：

1）按 【加工】→【用户】→【软盘】按钮，进入软盘用户加工界面。

2）按 "动作类型" 下的【干】按钮。

3）按 "单步加工" 下的【OFF】按钮。

4）在用户数控文件表中找到文件名为 "USERNC" 的文件，按此文件名按钮。

5）按 ［ENT］ 键后，系统按此数控程序进行加工。

1.4.4　电火花成形加工基本工艺过程

电火花成形加工的基本工艺过程包括电极的制作，工件准备，电极与工件的装夹、定位，冲油、抽油方式的选择，加工规准的选择、转换，电极缩放量的确定，以及平动（摇动）量的分配等，电火花成形加工的基本工艺路线如图 1-102 所示。

1. 加工方法的选择

电火花成形加工主要分为电火花穿孔加工和电火花型腔加工。用户应根据图样要求，仔细分析图样，选择合适的加工方法。根据加工对象、精度及表面粗糙度等要求选择机床及加工方法。

（1）电火花穿孔加工　电火花穿孔加工的典型应用是冲模加工，可采用直接法、间接法、混合法等工艺方法。工艺方法的选择，应根据凸、凹模配合间隙的要求及加工条件等因素确定。

直接加工法是在加工过程中将凸模直接作为电极加工凹模型孔的工艺方法。

间接加工法是将凸模与加工凹模的电极分开制造，即根据凹模尺寸设计电极，并加工制造电极，然后对凹模进行加工，再按冲裁间隙配制凸模。

混合加工法根据电极与凸模选用的材料不同，通过焊锡或其他黏合剂，将电极与凸模粘接在一起加工成形，然后对凹模进行加工，加工完成后，将电极与凸模分开。

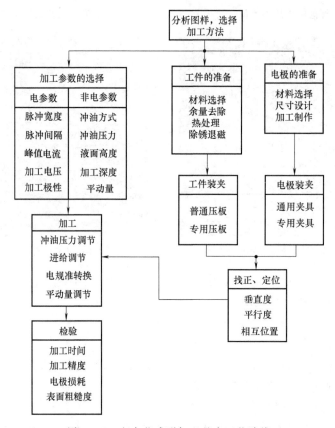

图 1-102　电火花成形加工基本工艺路线

（2）电火花型腔加工

1）单电极平动加工法。这种方法在型腔模的电火花成形加工中应用得最为广泛。它使用一个电极，按照粗、中、精的顺序逐级改变电规准，与此同时，依次加大电极的平动量，以补偿前、后两个电规准之间型腔侧面放电间隙差和表面微观不平度差，实现型腔侧面仿形修光。

2）多电极更换加工法。即采用多个电极（分别制造的粗、中、精加工用电极）依次更换，以加工同一个型腔。

3）分解电极加工法。即根据型腔的几何形状，把电极分解成主型腔电极和副型腔电极，分别制造、分别使用。主型腔电极完成去除量大、形状简单的主型腔加工（图1-103a）；副型腔电极完成去除量小、形状复杂（如尖角、窄槽、花纹等）的副型腔加工（图1-103b）。

分解电极加工法是单电极平动加工法和多电极更换加工法的综合应用。该工艺灵活性强，仿形精度高，适用于尖角、窄缝、沉孔、深槽多的复杂型腔模具加工。

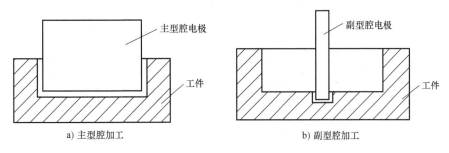

a) 主型腔加工　　　　　　　　　　　　　b) 副型腔加工

图 1-103　分解电极加工工艺示意图

分解电极加工工艺的优点是可以根据主、副型腔不同的加工条件，选择不同的电规准，有利于提高加工速度和改善工件表面质量，能分别满足型腔各部分的要求，保证模具的加工质量；同时，还可以简化电极制造的复杂程度，便于修整电极。但更换电极时，必须保证主型腔和副型腔电极之间要求的位置精度。

2. 电极的准备

（1）穿孔加工电极设计　穿孔加工时，由于凹模的精度主要取决于电极的精度，所以对电极有较为严格的要求，对电极的尺寸精度和表面质量的要求比凹模高，一般尺寸公差等级不低于IT7，表面粗糙度 Ra 值小于1.25μm，并且直线度、平面度和平行度在100mm长度上的公差不大于0.01mm。

电极应有足够的长度，要考虑电极端部损耗后仍有足够的修整长度。加工硬质合金时，由于电极损耗较大，所以电极还应适当加长。

电极的截面轮廓尺寸除考虑配合间隙外，还要考虑比预定加工的型孔尺寸均匀地缩小一个火花放电间隙。

（2）型腔模加工电极设计　加工型腔模的电极尺寸，不但与模具的大小、形状、复杂程度有关，而且与电极材料、加工电流、加工深度、加工余量及间隙等因素有关。当采用平动法加工时，还应考虑选用的平动量。

与主轴头进给方向垂直的电极尺寸称为水平尺寸，如图1-104a所示，计算时应考虑放电间隙和平动量，任何有内、外直角及圆弧的型腔，可用下式确定水平尺寸，即

$$a = A \pm Kb \tag{1-1}$$

式中　a——电极的水平尺寸；

　　　A——型腔图样上的名义尺寸；

　　　K——与型腔尺寸标注有关的系数，直径方向（双边）$K=2$，半径方向（单边）

$K = 1$；

b——电极单边缩放量（包括平动头偏心量，一般取 $0.5 \sim 0.9 \mathrm{mm}$），可按下式计算

$$b = \mathrm{Gap} + H_{\max} + h_{\max} \tag{1-2}$$

式中 Gap——电火花成形加工时的单面加工间隙；

$\quad H_{\max}$——前一电规准加工后表面微观不平度最大值；

$\quad h_{\max}$——本规准加工后表面微观不平度最大值。

式（1-1）中的"±"号按缩放原则确定，如图 1-104 所示，计算 a_1 时取"−"号，计算 a_2 时取"+"号。

电极在垂直方向总高度的确定如图 1-104b 所示，可按下式计算

$$H = l + L \tag{1-3}$$

式中 H——除装夹部分外的电极总高度；

$\quad l$——电极每加工一个型腔，在垂直方向的有效高度，包括型腔深度和电极端面损耗量，并扣除端面加工间隙值；

$\quad L$——考虑到加工结束时，电极夹具不和夹具模块或压板发生接触，以及同一电极需重复使用而增加的高度。

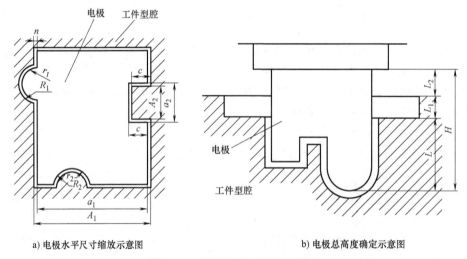

a) 电极水平尺寸缩放示意图　　　　　　　b) 电极总高度确定示意图

图 1-104　型腔模具工具电极设计

（3）电极缩放量的选取　电极缩放量的选取要考虑多方面的因素。电火花成形加工有平动加工和不平动加工两种方式。数控电火花机床一般都可采用平动加工，而传统电火花机床如果没有安装平动头就不能进行平动加工。这两种加工方式在电极缩放量的选取上是有区别的。

在不采用平动加工时，如果所产生的火花间隙小于电极缩放量，那么加工出来的尺寸将小于标准值。相反，电极缩放量比实际火花间隙小时，会使加工后的尺寸大于标准值。因此，正确确定电极缩放量的大小是保证加工尺寸合格的前提。确定电极缩放量大小时，要视加工部位的不同合理选用。

塑料模的加工部位一般分为结构性部位和成形部位。结构性部位在模具中起配合、定位等作用。这些部位对加工表面质量无严格要求，但要求尺寸一次加工到位，以保证加工后的

尺寸符合要求。在确定这些部位的火花间隙时，取加工时实际产生的火花间隙。

成形部位是用来直接成形塑件的部位。此类部位的加工尺寸和表面粗糙度都有相应的要求。电火花加工的成形部位一般在加工完成后采用抛光的方法去除火花痕迹，以达到预定表面粗糙度要求，所以在确定这类成形部位的电极缩放量时，应准确确定抛光余量。一般抛光余量取 $4Ra +0.005$mm。在计算电极缩放量时，取实际火花间隙和抛光余量之和。

电火花加工工艺一般是用不同尺寸的电极采用不同的电规准由粗到精完成加工。加工后的尺寸主要取决于精加工的控制。确定精加工火花间隙时，应先考虑为达到预定表面粗糙度要选用的电参数条件，明确该条件下的火花间隙，再确定电极缩放量。

在采用电极平动加工时，加工的尺寸精度取决于对放电间隙、电极缩放量和平动量的控制。由于平动量的大小是可控的，所以可以根据放电间隙的大小调节平动量，能够较容易地控制加工尺寸。电极缩放量的大小也可以相对大一些，尤其是对精加工来说，并且可以根据具体情况灵活选取。

确定电极缩放量时，还应详细考虑加工部位的加工性能。如通孔类零件的加工排屑情况良好，不容易形成二次放电，电极缩放量可取小一些；而盲孔类零件的加工因排屑不是很顺畅，二次放电的机会比较多，电极缩放量应取大一些；大面积加工时，为了获得较快的加工速度，电极缩放量可取大一些；混粉加工时的放电间隙比采用普通工作液加工时的放电间隙要大一些，电极缩放量可取大一些；精密加工时的电极缩放量较通常加工时的电极缩放量要小一些。但要注意的是，对于薄、尖形状的电极，缩放量要选小一些，因为这类电极在加工时不能选择大的电规准，否则电极在加工中易发生变形，而且较大的电极缩放量也降低了电极的强度。

（4）电极的装夹与找正　电极装夹与找正的目的是使电极正确、牢固地装夹在机床主轴的电极夹具上，并使电极轴线和机床主轴轴线一致，保持电极与工件的垂直度和相对位置。电极的装夹主要由电极夹头来完成。

电极装夹后，应进行找正，主要检查电极的垂直度，使其轴线或轮廓线垂直于机床工作台面。电极安装在机床主轴上，应使电极轴线与主轴轴线方向一致，在保证电极与工件垂直的情况下进行加工。电极的装夹方式有自动装夹和手动装夹两种。自动装夹电极是先进数控电火花成形机床的一项自动功能，它是通过机床的电极自动交换装置（ATC）和配套使用电极专用夹具（如EROWA、3R）来完成电极换装的。使用电极专用夹具可实现电极的自然找正，无须对电极进行找正或调整，能够保证电极与机床的正确位置关系，大大减少了电火花成形加工过程中装夹和重复调整的时间。手动装夹电极是指使用通用夹具，通过可调节电极角度的夹头来找正电极，由人工完成电极装夹与找正操作。

电火花加工前，工件型腔部分要进行预加工，并预留适当的电火花成形加工余量。加工余量的大小应能补偿电火花成形加工的定位、找正误差及机械加工误差。对形状复杂的型腔而言，加工余量要适当加大。

3. 工件的准备

（1）工件的预加工　一般在电火花成形加工前，需要对工件轮廓进行预加工，如图 1-105 所示。

预加工一般使用机械加工方法，如采用加工中心、普通铣床加工等。预加工的目的是减少电火花加工中的材料去除量，可以大幅度提高电火花加工速度，减少电极的损耗，达到使

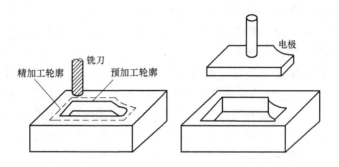

图 1-105 预加工示意

用一个电极采用平动加工即可完成整个型腔的加工。

（2）加工定位　完成工件和电极装夹、找正需要将电极对准工件的加工位置，才能在工件上加工出准确的型腔。模具型腔电火花成形加工最常用的定位方式是利用电极基准中心与工件基准中心之间的距离来确定加工位置，称为四面分中。利用电极基准中心与工件单侧之间的距离确定加工位置的定位方式也比较常用，称为单侧分中。另外，还有一些其他的定位方式。

各种定位方式都是通过一定的方法来实现的，通常运用电火花成形机床的接触感知功能来获得正确的加工位置，它可以直接利用电极的基准面与工件的基准面进行接触感知，从而实现定位。精密模具电火花成形加工采用基准球进行接触感知定位，点接触减少了误差，可实现较高精度的定位。另外，还有千分表比较、放电定位等定位方法。使用快速装夹定位系统，可省去重复的定位操作，当配备 ATC 时，可以实现长时间无人操作的自动化加工。

目前的数控电火花成形机床都具有自动找内中心、找外中心、找角、找单侧等功能，这些功能只需要输入相关的测量数值，即可方便地实现加工的定位，比手动定位要方便得多。

4. 加工参数的选择

电规准是指电火花成形加工过程中的一组电参数，如电压、电流、脉冲宽宽、脉冲间隔等。应根据工件的加工要求、电极和工件的材料、加工工艺指标和经济效益等因素确定电规准，并在加工过程中及时转换。粗、中、精加工电规准的选择原则已在前面有详细叙述。

平动量的分配是单电极平动加工法的一个关键问题。粗加工时，电极不平动。中间各工序加工时平动量的分配，主要取决于被加工表面由粗变细的修光量；此外，还和电极损耗、平动头原始偏心量、主轴进给运动的精度等有关。

数控电火花成形机床有许多配置好的最佳成套电参数，自动选择电参数时，操作者只要把所需要输入的条件准确输入，即可自动配置电参数。机床配置的电参数一般能满足加工要求，操作简单，避免了加工过程中人为的干预。而传统电火花成形机床要求操作者具有丰富的工作经验，能够根据加工要求灵活配置电参数。

5. 平动量（STEP）的计算

在计算平动半径时，一般情况下，第一粗加工条件不需要电极平动。如果在制造电极时，电极总减寸量增加了型腔研磨、抛光等余量时，为了保证后续平动侧面精度，还需要进行平动加工。计算平动量时，对于第一个加工条件，用电极减寸量的一半减去安全间隙（M）的一半；对于中间加工条件，用电极减寸量的一半减去五分之二的安全间隙；对于最后一个加工条件，用电极减寸量的一半减去放电间隙的一半即可。

总的平动量计算公式为

$$平动半径\ R = 电极减寸量/2 \qquad (1\text{-}4)$$

第一加工条件平动量的计算公式为

$$STEP_{粗} = R - M/2 \qquad (1\text{-}5)$$

中间各过渡加工条件平动量的计算公式为

$$STEP_{过渡} = R - 0.4M \qquad (1\text{-}6)$$

最终加工条件平动量的计算公式为

$$STEP_{精} = R - Gap(单侧放电间隙) \qquad (1\text{-}7)$$

6. 子程序

（1）M98（调出子程序）　在调用子程序时使用，调用子程序的格式如下：

M98　　P＊＊＊＊　L＊＊＊＊；

其中，P＊＊＊＊为子程序的文件名（顺序号）；L＊＊＊＊为子程序的循环次数。需要注意的是，L代号省略时，子程序只被调用一次。

L0这样的写法，会产生"NC"出错信息。

另外，子程序调用子程序与主程序调用子程序的情况一样。但从子程序调用子程序只能到50种。

（2）M99（子程序结束）　子程序终了代码"M99"被执行时，程序返回主程序，执行主程序。编制子程序时，必须在最后写入M99代码，M99代码的意思是返回主程序。例如：

N＊＊＊＊；

⋮

M99；

【任务实施】

1. 加工条件的选择（图1-106）

为了确保电极的损耗小，选择铜-钢（最小损耗参数表见表1-7）。

（1）粗加工条件选择　根据图样中的已知条件，计算出加工面积为$22cm^2$，查表1-7，选择第一加工条件号为115。

（2）精加工条件选择　图样最终要求的底面表面粗糙度、侧面表面粗糙度值均为$1.6\mu m$，查表1-7，满足要求的条件号为104。

（3）中间过渡条件选择　为了保证最终加工质量达到表面粗糙度要求，表1-7中从115到104中间的加工条件全部选择，即加工过程为：115→114→113→112→110→109→108→107→106→105→104。

条件号	面积/cm²	安全间隙/mm	放电间隙/mm	加工速度/(mm²/min)	损耗/%	侧面表面粗糙度Ra/μm	底面表面粗糙度Ra/μm
100			0.01				
101		0.046	0.035			0.56	0.7
103		0.055	0.045			0.8	1
104		0.065	0.05			1.2	1.5
105		0.085	0.055			1.5	1.9
106		0.12	0.065			2	2.6
107		0.17	0.095			3.04	3.8
108	1.00	0.27	0.16	13	0.1	3.92	5
109	2.00	0.4	0.23	18	0.05	5.44	6.8
110	3.00	0.56	0.31	34	0.05	6.32	7.9
111	4.00	0.68	0.36	65	0.05	6.8	8.5
112	6.00	0.8	0.45	110	0.05	9.68	12.1
113	8.00	1.15	0.57	165	0.05	11.2	14
114	12.00	1.31	0.7	265	0.05	12.4	15.5
115	20.00	1.65	0.89	317	0.05	13.4	16.7

其中：精加工条件（101~105），中间过渡条件（105~114），粗加工条件（114~115）

图 1-106　平动加工加工条件选择示意

2. 电极设计

（1）材料选择　根据现场加工条件，选择纯铜作为电极材料。

（2）电极尺寸公差　为了保证达到产品图样的尺寸公差要求，电极的制造公差需要高于产品尺寸公差，电极具体尺寸公差如图 1-107 所示。

（3）电极减寸量确定　根据粗加工条件确定电极减寸量。查表 1-7，加工条件号为 115 的安全间隙为 1.65mm，因此电极的减寸量为 0.825mm。电极的具体尺寸如图 1-107 所示。

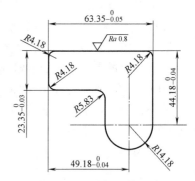

图 1-107　电极二维尺寸

（4）加工深度计算　各加工条件的加工深度计算见表 1-11。

表 1-11　各加工条件的加工深度

加工条件号	115	114	113	112	111	110	109	108	107	106	105	104
确定方法	取安全间隙值的一半											Gap
加工深度	14.175	14.345	14.425	14.6	14.66	14.72	14.8	14.865	14.915	14.94	14.958	14.975

（5）平动量的计算　各加工条件所需的平动量计算见表 1-12。

表 1-12　各加工条件所需的平动量

加工条件号	115	114	113	112	111	110	109	108	107	106	105	104
确定方法	取 $R-M/2$	取 $R-0.4M$										取 $R-GAP$
平动量	0	0.301	0.365	0.505	0.553	0.601	0.665	0.717	0.757	0.777	0.791	0.8

（6）电极制造　利用数控铣床或加工中心制造电极，电极形状如图 1-108 所示。除电极成形部位安装要保证尺寸公差外，其他如装夹、定位部分在加工时根据电极毛坯尺寸确定，

最后为达到电极表面粗糙度要求，须采用研磨或抛光工艺。

3. 工件、电极的装夹与定位

（1）工件的预加工　为了降低电极损耗，保证平动加工尺寸精度，一般在平动加工开始前先对工件型腔进行预加工。用普通铣床或数控机床去除大量加工余量，底面和侧面留适量加工余量进行火花平动放电加工。

本任务根据现场设备情况，采用数控铣床对工件进行预加工，底面和侧面各留 2~3mm 加工余量，如图 1-109 所示。

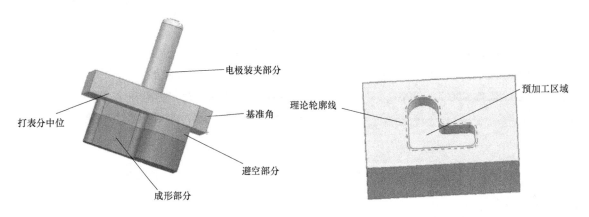

图 1-108　电极示意　　　　　　　　　　图 1-109　工件预加工示意图

（2）装夹与定位　工件用永磁吸盘装夹在工作台上，用千分表打表找正后吸紧；电极用通用夹头装夹在电火花成形机床主轴上，用千分表打表找正后，利用机床的自动找角功能将电极自动定位到图样要求的位置。

4. 程序编制

O3344	程序名
N001 H001 = 15.0 H002 = 1.0；	赋值语句
N002 G54 G21 G90；	在 G54 坐标系内用米制、绝对坐标编程
N003 T84；	开泵
N004 G30 Z+；	向上抬刀
N005 G00 Z0+H002；	Z 轴快速移动到安全位置
N006 M98 P0115；	调用子程序 O0115（调用 1 次，下同）
N007 M98 P0114；	
N008 M98 P0113；	
N009 M98 P0112；	
N010 M98 P0111；	
N011 M98 P0110；	
N012 M98 P0109；	
N013 M98 P0108；	
N014 M98 P0107；	

N015 M98 P0106；

N016 M98 P0105；

N017 M98 P0104；

N018 T85；   关泵

N019 M02；   程序结束

O0115   子程序名

N001 G00 Z0+0.5；   快速定位到 Z=+0.5mm 处

N002 C115；   调用条件号 115

N003 OBT002 STEP0000；   在 XY 平面内做轨迹为方形的自由平动,平动半径为 0

N004 G01 Z0+0.825-H001； Z 轴加工到 Z=-14.175mm 处

N005 M05 G00 Z0+H002；   忽略接触感知,Z 轴快速定位到安全位置

M99；   子程序结束,返回主程序继续执行下一语句

O0114

N001 G00 Z0+0.5；

N002 C114；

N003 OBT002 STEP0301；   在 XY 平面内做轨迹为方形的自由平动,平动半径为 0.301mm

N004 G01 Z0+0.655-H001； Z 轴加工到 Z=-14.345mm 处

N005 M05 G00 Z0+H002；

M99；

O0113

N001 G00 Z0+0.5；

N002 C113；

N003 OBT002 STEP0365；

N004 G01 Z0+0.575-H001；

N005 M05 G00 Z0+H002；

M99；

O0112

N001 G00 Z0+0.5；

N002 C112；

N003 OBT002 STEP0505；

N004 G01 Z0+0.4-H001；

N005 M05 G00 Z0+H002；

M99；

O0111
N001 G00 Z0+0.5；
N002 C111；
N003 OBT002 STEP0553；
N004 G01 Z0+0.34-H001；
N005 M05 G00 Z0+H002；
M99；

O0110
N001 G00 Z0+0.5；
N002 C110；
N003 OBT002 STEP0601；
N004 G01 Z0+0.28-H001；
N005 M05 G00 Z0+H002；
M99；

O0109
N001 G00 Z0+0.5；
N002 C109；
N003 OBT002 STEP0665；
N004 G01 Z0+0.2-H001；
N005 M05 G00 Z0+H002；
M99；

O0108
N001 G00 Z0+0.5；
N002 C108；
N003 OBT002 STEP0717；
N004 G01 Z0+0.135-H001；
N005 M05 G00 Z0+H002；
M99；

O0107
N001 G00 Z0+0.5；
N002 C107；
N003 OBT002 STEP0757；
N004 G01 Z0+0.085-H001；
N005 M05 G00 Z0+H002；
M99；

O0106

N001 G00 Z0+0.5；

N002 C106；

N003 OBT002 STEP0777；

N004 G01 Z0+0.06－H001；

N005 M05 G00 Z0+H002；

M99；

O0105

N001 G00 Z0+0.5；

N002 C105；

N003 OBT002 STEP0791；

N004 G01 Z0+0.043－H001；

N005 M05 G00 Z0+H002；

M99；

O0104

N001 G00 Z0+0.5；

N002 C104；

N003 OBT002 STEP0800；

N004 G01 Z0+0.025－H001；

N005 M05 G00 Z0+H002；

M99；

上述程序是按照电火花成形机床自动编程系统生成程序格式编制，程序比较长，实际编制可以进行简化，编制如下：

O5566

G54 G21 G90；

T84；

G30 Z+；

G00 Z+1.0；

C115；

OBT002 STEP0000；

G01 Z－14.175；

M05 G00 Z+1.0；

C114；

OBT002 STEP0301；

G01 Z－14.345；

M05 G00 Z+1.0；

C113；

OBT002 STEP0365；

G01 Z-14. 425；

M05 G00 Z+1. 0；

C112；

OBT002 STEP0505；

G01 Z-14. 6；

M05 G00 Z+1. 0；

C111；

OBT002 STEP0553；

G01 Z-14. 66；

M05 G00 Z+1. 0；

C110；

OBT002 STEP0601；

G01 Z-14. 72；

M05 G00 Z+1. 0；

C109；

OBT002 STEP0665；

G01 Z-14. 8；

M05 G00 Z+1. 0；

C108；

OBT002 STEP0717；

G01 Z-14. 865；

M05 G00 Z+1. 0；

C107；

OBT002 STEP0757；

G01 Z-14. 915；

M05 G00 Z+1. 0；

C106；

OBT002 STEP0777；

G01 Z-14. 94；

M05 G00 Z0+1. 0；

C105；

OBT002 STEP0791；

G01 Z-14. 958；

M05 G00 Z+1. 0；

C104；

OBT002 STEP0800；

G01 Z-14. 975；

M05 G00 Z+1.0；

T85；

M02；

5. 放电加工

按机床主菜单【加工】→【用户】→【软盘】按钮，进入软盘用户加工界面，将程序调入苏州新火花 SPM400B 成形机床，按［ENT］键开始放电加工。加工后的产品如图 1-110 所示。

图 1-110　加工后的产品

【任务训练与考核】

1. 任务训练

工件尺寸如图 1-111 所示，试用单电极平动法在苏州新火花 SPM400B 成形机床完成电极的设计、制造及工件的加工。

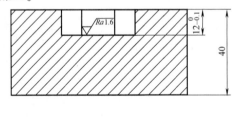

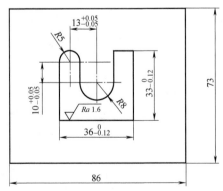

图 1-111　单电极平动法加工练习产品

2. 任务考核（表 1-13）

表 1-13　单电极平动法型腔加工任务考核表

任务考核项目	考核内容	参考分值	考核结果	考核人
素质目标考核	遵守规则	5		
	课堂互动	10		
	团队合作	5		
知识目标考核	单电极平动法型腔加工条件选择	5		
	平动加工指令代码应用	5		
	放电加工程序编制	15		
	电极的设计、制造	10		
能力目标考核	工件、电极的装夹与找正	20		
	型腔加工	20		
	SPM400B 成形机床操作与维护	5		

▶▶【思考与练习】

1. 平动加工指令格式是什么？各有哪些含义？

2. 单电极加工电极减寸量应如何计算？

3. SPM400B 成形机床自动加工需要输入哪些数据？

4. 平动量如何分配？

5. 产品尺寸如图 1-112 所示，采用单电极平动法加工型腔，试编制放电加工程序。

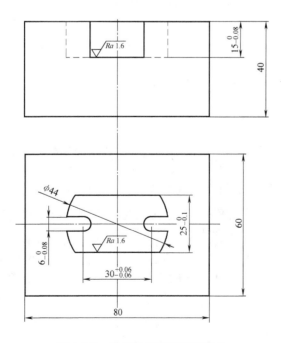

图 1-112　单电极平动法加工产品

任务 5   锥形型腔加工

【任务导入】

加工锥形的型腔，电极在做垂直进给时，对倾斜的型腔表面有一定的修光作用，通过多次电规准的转换，不采用平动加工方法就可以修光侧壁，使型腔具有更好的加工精度。在一些加工场合，只用一个电极就可以达到加工目的。对于要求比较高及加工深度比较深的场合，可能需要使用两个及以上的电极。

模具零件如图 1-113 所示，通过相关知识的学习，在苏州新火花 SPM400B 成形机床上完成该零件的加工。

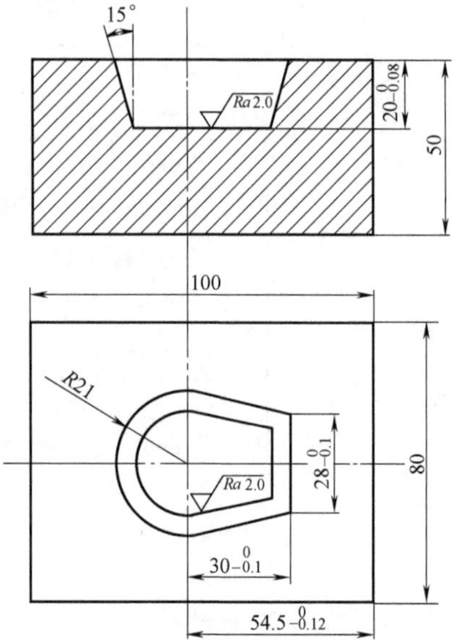

【相关知识】

图 1-113   模具型腔锥度加工图

1.5.1   投影面积

这里所说的投影面积是指投射在工件上的电极影子的面积。

1）电极为柱体形状时，投影面积为电极的底面积。

2）电极为楔形或者锥形时，投影面积为电极加工进行方向的实际加工位置的投影面积。

3）电极为凸模用电极时，投影面积为加工时的放电面积（XY 平面上的面积）。

投影面积与电极的形状没有关系。如图 1-114a、b 所示投影面积相等；当电极为图 1-114c ~ e 所示形状时，仅计算加工部分的投影面积。

1.5.2   利用锥度修光侧面的要点

当型腔带有一定锥度时，由于锥度的特性，在放电加工时不需要平动也能达到修光型腔侧面的效果。在实际加工中，利用锥度修光侧面需要注意以下几点：

1）型腔必须全部是锥度形状，不能带有直壁，否则直壁部分无法修光。

2）型腔的形状带有多种锥度时，计算加工深度时应以最小锥角进行计算。因为保证了最小锥角部分形状的修光，角度更大些的部位自然就被全部修光。

3）对于加工面积较大或者表面质量要求较高的不通腔，利用锥度修光侧面的方法进行加工效果并不理想。因为各个加工条件段的加工深度之间的材料去除量很大，会导致加工速度极其缓慢。

1.5.3   数控电火花成形机床常用的电参数

数控电火花成形机床的电参数因机床不同而有些许差异，但许多参数的选择与调节方法

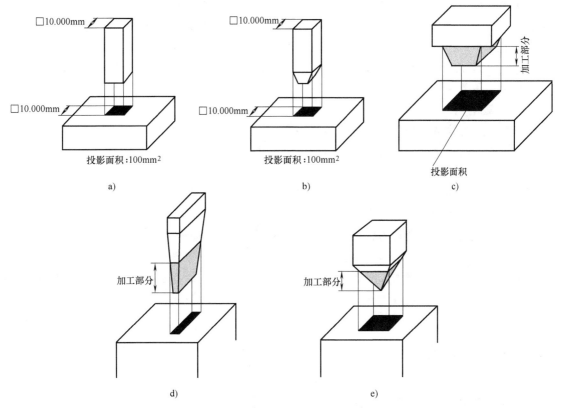

投影面积：100mm²

a)

投影面积：100mm²

b)

投影面积

c)

加工部分

d)

加工部分

e)

图 1-114　各种形状投影面积示意

大致相同。下面以北京阿奇夏米尔技术服务有限责任公司和苏州新火花机床有限公司两个系列数控电火花成形机床的电参数为例，对一些电参数进行说明。

1. 峰值电流

　　峰值电流与电极上的负载电流一致，与脉冲宽度一起决定放电波形，并对加工速度、加工表面粗糙度、放电间隙、电极损耗率影响很大。因此，必须充分考虑电极材料、加工表面质量要求、放电间隙、加工速度进行设定。峰值电流越大，放电间隙就越大，加工速度越高，表面粗糙度值也越大。另外，相同脉冲宽度下的电极损耗率也增大。加工面积小时，如果峰值电流设定太大，就会使电流密度过分提高，导致加工不稳定。因此，峰值电流必须根据加工表面积进行设定。图 1-115 所示为脉冲波形示意图。

2. 脉冲宽度

　　脉冲宽度用于设定一个放电周期中放电的时间长短，即两个脉冲间有电流的时间。脉冲宽度对加工特性影响很大。脉冲宽度越长，放电间隙越大，电极损耗减小，表面粗糙度值增大。在进行低损耗加工时，脉冲宽度应设定得大些。

图 1-115　脉冲波形示意图

3. 脉冲间隔

　　脉冲间隔用于设定一次放电结束到下次放电开始的时间长短，即两个脉冲间无电流的时间。此参数是保证加工稳定性的一个重要参数，直接影响加工效率，对放电间隔和表面粗糙度值影响不大。脉冲间隔越长，排屑效果越好，但是加工速度有所降低。减少脉冲间隔对提高加工速度有利，但容易产生积炭而导致电弧放电。因此，需要观察加工状态，设定适当的脉冲间隔，如加工稳定时，可选择短些；加工不稳定时，可选择长些。出现加工不稳定时，延长脉冲间隔是有效的。

4. 空载电压

空载电压为放电间隙空载时的电压，一般为 0~300V。放电前，极间空载电压已经存在。电压值越高，放电间隙越大，这样就可改善冲液条件，提高放电的稳定性。

5. 伺服基准

伺服基准是伺服系统带动电极接近工件的距离。允许改变工件和电极间的距离。当电极与工件间的距离增大时，有利于污物的排出，但加工效率会有所降低；当电极与工件间的距离减小时，不利于污物的排出，但加工效率会有所提高。

6. 伺服速度

伺服速度是加工过程中伺服系统的速度增量。一般数控电火花成形机床会把电极与工件之间的间隙始终自动控制在合适的值，并根据加工状态，在电极进给发生异常时驱动电极退回。

7. 电容

在两极间回路上增加一个电容，用于非常小的表面或表面质量要求很高的电火花成形加工，以便相同的脉冲能产生更大的放电能量。电容容量越大，加工速度越高，但是表面质量变差，因此要按要求的表面粗糙度值进行设定。

8. 极性

放电加工时，有正极性加工和负极性加工两种。当电极接电源负极时，是正极性；当电极接电源正极时，是负极性（各生产厂家可能定义不同）。根据电极和工件材料、粗加工和精加工等加工条件对极性进行设定。如果设定错误，电极损耗会明显增大，甚至使加工无法进行。用铜电极精加工钢件时，一般采用正极性加工。

9. 放电时间

放电时间是指两次抬刀的时间间隔。在排屑条件较差的状态下进行加工时，放电时间取小值。

10. 抬刀速度

抬刀速度用于设定抬刀过程中回退的相对速度。加工中使电极周期性上下运动（抬刀），利用其对流作用使工作液在极间流动，从而带动加工屑排出而实现稳定加工。放电面积增大或用 X、Y 轴伺服加工时，要适当降低抬刀速度。

11. 抬刀高度

抬刀高度用来设定抬刀的回退距离。当加工深度较浅时，抬刀高度设定较小值；当加工深度较深时，抬刀高度设定较大值。

1.5.4 防止发生拉弧现象的措施

加工过程中要防止发生拉弧现象。一旦发现有拉弧倾向，应及时采取补救措施。粗加工时，由于放电能量大，放电间隙大，排屑效果好，往往能实现较稳定的加工；精加工则恰恰相反，容易出现放电不稳定、拉弧倾向，所以对精加工应特别注意监控。下面介绍出现拉弧倾向时的一些处理方法。

1. 修改抬刀参数

加工中出现放电不稳定现象，有拉弧倾向时，首先应考虑修改抬刀参数，如减小放电时间，加大抬刀高度，加快抬刀速度，减小伺服速度。具体参数值的修改以调整到放电状态稳定为准。

2. 清理电极和工件

如果修改抬刀参数不能解决问题，发现难以稳定加工时，可以考虑加工部位是否有过多的电蚀产物（积炭）。可暂停加工，清理电极和工件（例如用细砂纸轻轻研磨）后再重新加工。如果已经出现了积炭表面，这一步操作就非常重要，只有把拉弧产物清除干净，才能继续进行加工，否则根本无法加工；也可以试用反极性加工（短时间），使积炭表面加速损耗。

3. 调整电规准主参数

使用过大的电流、过大的脉冲宽度、过小的脉冲间隔是出现拉弧倾向的原因。三者应根据加工的稳定性和加工的工艺指标要求而设定。在放电不稳定的情况下，首先考虑增大脉冲间隔，有利于消电离，改善排屑状况，对工艺指标影响也不大；其次考虑减小脉冲宽度，过大的脉冲宽度使加工过程中短时间内的放电次数过多，加工中来不及消电离，易产生拉弧；另外，还可以调大伺服参考电压（加工间隙）。加工的极性应正确，如果在加工中误使用正负极性加工，也会出现拉弧现象，使加工根本无法进行，应将加工极性改过来。

1.5.5 工作液处理方式

数控电火花成形加工必须选用合理的工作液处理方式，以便电极与工件间放电间隙中生成的碳化物、气泡等电蚀产物及时排出，改善加工条件，提高加工稳定性。工作液处理方式可分为冲液方式和无冲液方式两种。选用合理的工作液处理方式对提高放电加工的效率、质量十分重要。

1. 冲液方式

（1）冲液方式的种类 数控电火花成形加工的冲液方式包括冲液与抽吸两种。一般采用组合抬刀动作排出加工过程中产生的电蚀产物。在大多数电火花成形加工过程中，为防止火灾的发生，要求采用浸油加工，因此冲液方式也是在浸油的环境中进行的。

图1-116所示为冲液，将具有一定压力、清洁的工作液冲向加工表面，迫使工作液连同电蚀产物从电极四周间隙流出。图1-117所示为抽吸，从待加工表面，将已使用过的工作液连同电蚀产物一起抽出。

冲液排屑效果好，但电蚀产物从已加工面流出时易造成二次放电（电蚀产物在侧面间隙中滞留引起的电极侧面和已加工面之间的放电现象），使型腔四壁形成斜度，影响加工精度。抽吸时抽油的压力略大于冲油压力，排屑能力不如冲液，但可获得较高的精度和较小的表面粗糙度值。

（2）冲、抽液（油）的方法 为了防止由于加工屑引起的二次放电，必须选用正确的冲、抽油方法来保证加工屑高效率地排出，不使其滞留。

1）选择合适的冲油孔位置。良好的冲油体现在它的均匀性，如侧面冲油虽然也有利于

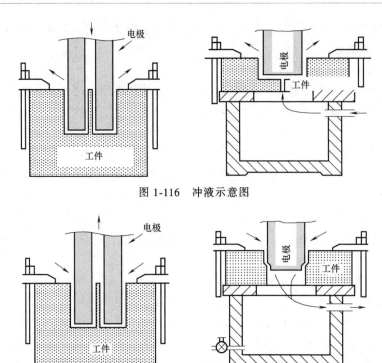

图 1-116　冲液示意图

图 1-117　抽（吸）液示意图

排屑，但因加工区域冲油压力的不同，工件表面可能会有不均匀的现象。因此在加工大面积、深型腔时，应尽量在电极或工件上加工冲油孔进行中心冲油，以保证最佳的排屑效果。

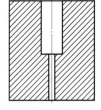

图 1-118　孔上端
直径加大

① 为便于排气，经常将冲油孔或排气孔上端直径加大，如图 1-118 所示。

② 冲油孔的位置应尽可能保证冲油均匀和使气体易于排出。孔尽量开在不易排屑的拐角、窄缝处，如图 1-119 所示。

③ 孔的直径要适中，过大的孔往往不利于均匀冲油。尽可能避免冲油孔在加工后留下柱芯，如图 1-120 所示。

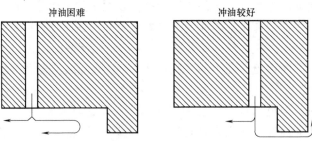

图 1-119　冲油孔的合理位置

2）要合理控制冲、抽油压力。如果冲、抽油作用力过大，则电极表面不易吸附沉积炭黑膜，电极的损耗会相应地增加，另外，还可造成不能维持连续稳定放电等弊端；如果冲、抽油作用力过小，就不能起到良好的排屑作用。一般要根据放电面积、极间距及生成物的多

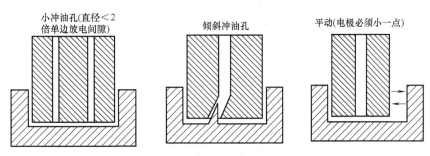

图 1-120　避免冲油孔在加工后留下柱芯

少来调整，将油压控制在接近稳定加工的临界压力范围内。

3）冲、抽油影响电极端部损耗的均匀性。如图 1-121 所示，冲油时，电极损耗形成凹型端面，抽油时，则形成凸型端面。这主要是因为冲油进口处为不带电蚀产物的新液，温度较低，流速较快，使该处"覆盖效应"效果降低。

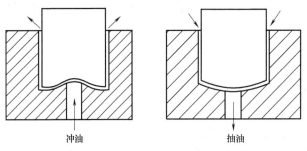

图 1-121　冲、抽油方式对电极端部损耗的影响

2. 无冲液方式

无冲液方式是指在电火花成形加工过程中，使电极和工件浸在工作液中，不采用冲液或抽吸方式。无冲液方式一般要通过数控电火花成形机床的高速抬刀技术来满足加工中的排屑要求，或者配以其他如电极平动、电极旋转等工艺方法来排屑。高速抬刀技术要求机床的主轴具有高速度的伺服性能，目前大多数先进的数控电火花成形机床采用了这一项加工技术。

（1）无冲液高速抬刀加工的排屑过程

1）处于放电状态时，加工间隙内产生电蚀产物及有害气体，如图 1-122a 所示。

2）电极高速上升时，工作液急剧流入加工型腔，在电极与加工面之间形成负压，使电蚀产物与有害气体分散，如图 1-122b 所示。

3）电极高速下降时，将电极与加工面之间的电蚀产物及有害气体随同工作液一起被迅速排出，如图 1-122c 所示。

4）当电极到达放电位置时，准备进入放电状态，这时电蚀产物及有害气体基本被排出，如图 1-122d 所示。

（2）无冲液高速抬刀加工的应用范围　无冲液的高速抬刀非常适合深、窄、精密加工的场合。加工大面积型腔时，不能采用高速抬刀方法。因为电极运动阻力随放电间隙变化而急剧变化，在放电间隙较小时，工作液在放电间隙中的流动会受到很大阻力，相应地会在放电间隙中产生较大的压差，从而使电极受到较大的运动阻力。电极所受到的这种运动阻力会使电极的装夹产生相应的变形，从而影响加工精度。

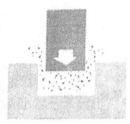

| a) 放电状态 | b) 电极高速上升 | c) 电极高速下降 | d) 电极到达放电位置 |

图 1-122　无冲液高速抬刀加工的排屑过程

（3）无冲液方式与冲液方式加工效果的区别　采用高速抬刀技术的无冲液加工，可避免由于冲液不均匀而引起加工屑、废气、焦油残留在加工部位，并产生一定的浓度差；残留的加工屑、废气、焦油引起集中放电和二次放电时，也不会产生间隙不均匀、放电面不一致的现象。不再依赖操作者的经验或有无冲液处理，只要在同样的条件下加工，就能实现稳定的加工。另外，无冲液方式因放电状态稳定，避免了因二次放电引起的电极异常损耗，延长了电极的寿命。

1.5.6　锥度电极加工条件选择

1. 单电极放电加工条件选择

在加工面积不大、表面要求不高的场合，可以只用一个电极进行型腔锥度加工，其加工条件和电极减寸量确定如图 1-123 所示。首先按照图样要求的表面粗糙度值选择精加工条件（最后一个加工条件），然后按照加工面积选择粗加工条件（第一个加工条件），中间各条件按降序选用。锥形电极的减寸量按照最后一个精加工条件的放电间隙的一半选取（取一个 Gap 值）。

条件号	面积 /cm²	安全间隙 /mm	放电间隙 /mm	加工速度 /(mm²/min)	损耗 /%	侧面表面粗糙度 Ra/μm	底面表面粗糙度 Ra/μm
100			0.01				
101		0.046	0.035			0.56	0.7
103		0.055	0.045			0.8	1
104		0.065	0.05			1.2	1.5
105		0.085	0.055			1.5	1.9
106		0.12	0.065			2	2.6
107		0.17	0.095			3.04	3.8
108	1.00	0.27	0.16	13	0.1	3.92	5
109	2.00	0.4	0.23	18	0.05	5.44	6.8
110	3.00	0.56	0.31	34	0.05	6.32	7.9
111	4.00	0.68	0.36	65	0.05	6.8	8.5
112	6.00	0.8	0.45	110	0.05	9.68	12.1
113	8.00	1.15	0.57	165	0.05	11.2	14
114	12.00	1.31	0.7	265	0.05	12.4	15.5
115	20.00	1.65	0.89	317	0.05	13.4	16.7

2倍的电极减寸量

最后一个精加工条件

中间过渡条件

第一个粗加工条件

图 1-123　加工条件选择

2. 两电极放电加工条件选择

当加工精度要求比较高或加工面积比较大而电极损耗较高时，一般需要选用两个电极进行加工，其中一个电极用于完成粗加工，另一个电极用于完成精加工。

（1）精加工条件选择 精加工最后一个加工条件按照图样要求的表面粗糙度值来选择，电极减寸量按照对应的放电间隙选取1个Gap值。精加工第一个加工条件根据最后一个精加工条件的 Ra 值乘以3来选取，其余加工条件按降序选用，如图1-124所示。

图 1-124 精加工条件选择

（2）粗加工条件选择 按照加工面积选择第一个粗加工条件，最后一个粗加工条件为第一个精加工条件，中间各条件按降序选用，如图1-125所示。

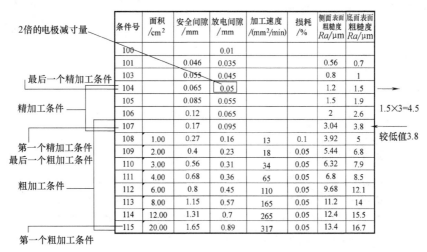

图 1-125 粗加工条件选择

3. 深度的计算方法

这里介绍锥形电极在不采用平动加工的条件下，计算每个加工条件的最大加工深度的方法。图1-126所示为锥形型腔加工的示意图。

根据图1-125所示，由于加工中电极不平动，所以 S 等于电极的单侧缩放量。

最后一个加工条件的最大加工深度的计算是最简单的，即

$$Z_2 = Z - S$$

由此推算电极进给深度 Z_1 的
公式为

$$Z_1 = Z - \Delta Z - S \qquad (1\text{-}8)$$

$$\Delta Z = A/\sin\alpha \qquad (1\text{-}9)$$

将式（1-9）代入式（1-8）得

$$Z_1 = Z - A/\sin\alpha - S \qquad (1\text{-}10)$$

Z 向进给位置放电时的安全
间隙 $M = 2(S+A)$，则有

$$A = M/2 - S \qquad (1\text{-}11)$$

将式（1-11）代入式（1-10）得

$$Z_1 = Z - (M/2 - S)/\sin\alpha - S$$

$$(1\text{-}12)$$

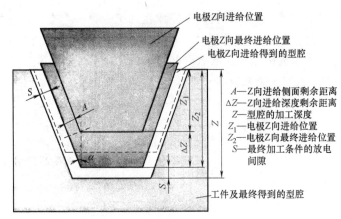

图 1-126　锥形型腔加工示意图

右侧标注：
电极Z向进给位置
电极Z向最终进给位置
电极Z向进给得到的型腔

A—Z向进给侧面剩余距离
ΔZ—Z向进给深度剩余距离
Z—型腔的加工深度
Z_1—电极Z向进给位置
Z_2—电极Z向最终进给位置
S—最终加工条件的放电间隙

工件及最终得到的型腔

[**例 1-15**]　如图 1-127 所示，使用一个圆锥电极（纯铜）加工型腔（45 钢），锥度为 15°，加工深度为 25mm，表面粗糙度要求为 $Ra2.0\mu m$。

其加工条件确定过程如下：

（1）根据加工面积确定第一个粗加工条件　加工面积约为 $6cm^2$，查表 1-7，选择第一个粗加工条件号为 112。

（2）确定最终加工条件　最终要求的表面粗糙度为 $Ra2.0\mu m$，查表 1-7，侧面、底面均满足要求的条件号为 105。对应放电间隙为 0.055mm，电极减寸量为 0.028mm，即 $S = 0.028mm$。

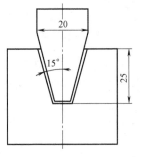

图 1-127　加工深度计算例题

（3）确定中间加工条件　按降序
选用加工条件，查表 1-7，各中间加工条件全选，即加工过程为：112→111→110→109→108→107→106→105。

（4）计算每一加工条件的加工深度　将已知数据代入式（1-12）

$$Z_{C112} = \left[25 - (0.8/2 - 0.028)/\sin15° - 0.028\right]mm = 23.535mm$$

$$Z_{C111} = \left[25 - (0.68/2 - 0.028)/\sin15° - 0.028\right]mm = 23.767mm$$

$$Z_{C110} = \left[25 - (0.56/2 - 0.028)/\sin15° - 0.028\right]mm = 23.998mm$$

$$Z_{C109} = \left[25 - (0.4/2 - 0.028)/\sin15° - 0.028\right]mm = 24.307mm$$

$$Z_{C108} = \left[25 - (0.27/2 - 0.028)/\sin15° - 0.028\right]mm = 24.559mm$$

$$Z_{C107} = \left[25 - (0.17/2 - 0.028)/\sin15° - 0.028\right]mm = 24.752mm$$

$$Z_{C106} = \left[25 - (0.12/2 - 0.028)/\sin15° - 0.028\right]mm = 24.848mm$$

$$Z_{C105} = (25 - 0.028)mm = 24.972mm$$

1.5.7　数控电火花成形加工

电火花成形加工一切准备就绪时（图 1-128 所示为机床起动加工前的准备状态），就可以起动机床开始进行放电加工。在电火花加工的过程中，要随时监控加工状态。对加工中不正常的放电状态要及时采取相应的处理方法，保证加工顺利进行。加工结束后，要完成自检、清理等工作。

1. 起动加工前的检查

在数控电火花成形加工之前，必须对所有的操作进行认真检查，确认每一个加工细节。只有经过仔细地检查、核对，对加工很有把握，才能起动机床进行加工。加工前的检查包括以下两方面。

（1）加工前操作的检查

1）确认工件、电极的装夹方式牢靠，保证它们在加工的过程中不会发生松动、位移。使用永磁吸盘装夹工件时，不要忘记将工件吸紧。

2）确认工件、电极都已找正。

3）确认电极的装夹方向无误。应根据电火花成形加工图样，检查电极的装夹方向是否正确。通常由电极的基准角来判断装夹方向，但最好依据加工部位的形状，核对电极的装夹是否与之相对应，这样可以避免因设计人员的疏忽而导致的加工错误。

图 1-128　机床起动加工前的准备状态

4）确认定位操作的正确性。对 X、Y、Z 轴进行定位。一些情况下，还需要进行 C 轴的定位。需要注意的是，定位选用的工件坐标系要正确。定位操作的方法与定位方式要符合要求。定位操作的过程应顺利，没有发生碰撞，并对定位精度进行了检查。这些检查可以防止发生加工位置偏差或者加工错误等异常现象。

5）确认电极、工件及夹具在加工中不会产生干涉现象。在加工中，若装夹电极的夹具与工件加工的其他部位有接触的干涉情况，将导致错误的放电。

6）确认选用的电参数条件合理。选用的电规准应与电极面积的大小、缩放尺寸及工艺指标要求相符合。切勿因疏忽大意在精加工时选用粗加工条件而导致工件报废。对于长时间的加工，选用的电参数应能保证加工稳定进行，防止在无人的加工状态下发生积炭等放电异常现象。

（2）数控程序的检查　数控程序是执行加工的命令，一旦程序发生错误，将发生不可预料的加工错误。在起动机床进行加工前，应对程序做如下检查：

1）确认当前即将执行的程序是加工所需的数控程序。

2）对数控程序进行全面的检查。

3）进行程序试运行。程序试运行时，要认真观察机床的运行情况，查看程序能否顺利执行，放电位置是否正确，有无超程现象等。确认程序运行无误，再进行正式加工。

进行加工前的检查是非常必要的。检查过程中需要确认许多加工细节问题，要求操作人员耐心核对，这样可以极大地减少加工错误的发生，保证加工质量。检查过程中，能否全面考虑引起加工异常的各种原因，以及检查时的反应速度，取决于操作人员的工作经验及技术水平，也与操作者的工作态度、习惯也有关系。

2. 起动加工的操作顺序

（1）完成加工前的各项检查

（2）向液槽中加入工作液

1）如果采用冲液方式，将冲油管的位置对准加工部位。

2）关闭液槽，扣上门扣。

3）闭合放油手柄，打开进油调节手柄，用调节液面高度手柄调节液面的高度，工作液必须比加工最高点高出 50mm 以上，如图 1-129 和图 1-130 所示。

4）打开液泵。液泵的起停可以用手控盒操作，也可以编入程序。一般在程序中用代码打开液泵。

需要注意的是，液温、液面有自动检测装置，出现问题时会有提示，不能执行加工程序。

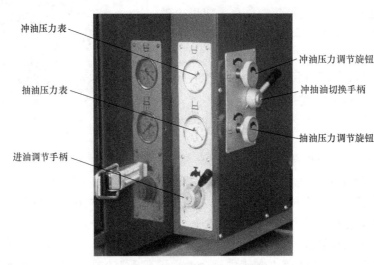

图 1-129　液压调节部分外观

（3）执行程序开始加工

（4）加工过程中的停机　数控电火花成形机床在加工过程中，也就是执行程序的过程中，有时候需要停机。这时不希望程序被终止执行，而是想暂停一段时间，并且要进行轴的移动。如在加工多个型腔时，已经加工完成其中几个，在加工过程中需要进行工件和电极的清理，这时如果程序被完全终止，那么在继续加工时还需要重新开始加工；而使用暂停功能能记忆执行的程序段，继续加工时将按移动轴后的相反轨迹返回加工点，使操作变得方便。

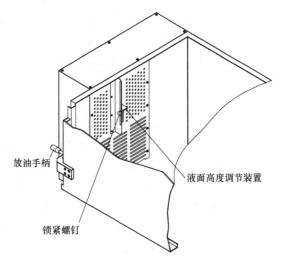

图 1-130　液面控制器示意图

3. 加工结束后的清理工作

（1）加工后的自检　数控电火花成形机床执行完加工程序后，就完成了工件的加工。这时应该对工件进行自检。通常可以进行以下自检：

1）目测检查加工部位形状是否正确，是否与要求的形状吻合。如有些加工部位是要接平的，应检查是否存在台阶。

2）采用表面粗糙度比较样板目测或者凭手感来检验加工部位底面和侧面的表面质量。

3）观察电极尖角、棱边的损耗及电极端面的损耗情况。

4）使用简单的测量工具进行检测，检查尺寸是否达到加工要求。一般用游标卡尺、游标深度尺检查加工深度尺寸、型腔尺寸和型腔位置。

自检时发现存在一些问题，应及时处理。这也就发挥了自检的作用，避免了不合格工件未自检后的重复加工。经过在线检查，可以修正一些问题。如一旦发现电极损耗过大，加工形状不够清角，就可以通过追加电极来弥补损耗。加工尺寸没有加工到位时，可以通过加大平动量等方法来修正尺寸，以满足加工要求等。有时由于人为的疏忽大意，造成了加工错误，但在自检过程中就可以被发现。这时应该及时与相关人员进行沟通，采取相应的处理办法。

工件经过加工和自检判断符合加工要求后，就可以将工件从机床上拆下。如果工件的加工要求非常严格，还需送测量室进行精密测量，如采用轮廓表面测量仪或显微镜检查电火花成形加工的表面情况，采用三坐标测量仪进行复杂部位尺寸的测量。

（2）加工后的清理 所有工件加工完成以后，要及时进行清理工作，养成做事有条理、干净利落的工作习惯。

1）清理工作台，刷洗工作液槽，擦拭机床外观脏污部位。

2）从机床上拆下电极，按指定位置摆放。

3）工具应及时归位，整理加工图样。

4）填写相关工作记录文件。

1.5.8 电火花成形加工模具的后续抛光方法

电火花成形加工后表面残存着熔化凝固层和变质层，这个熔化凝固层和变质层的厚度为加工表面粗糙度最大值的1~2倍，处于微米数量级，就其绝对值而言不算太厚，但最好再进行抛光，使其达到镜面或准镜面那样光亮的程度，就可以在模具表面质量和寿命等方面取得更好的效果。

成形放电加工的复杂表面因硬化而难于抛光，如果尽量用加工表面粗糙度值小的加工条件进行精加工，则去除熔化层和变质层就会容易些。

目前模具型腔放电加工后主要采用如下方法进行抛光加工：

1）用电火花微细加工去除因电极的平动、摇动运动造成的波纹。

2）用挤压珩磨（磨料流动）研磨加工。

3）用超声波金刚石研磨头抛光。

4）用金刚石锉刀、金刚石研磨头抛光。

5）用化学腐蚀溶液进行化学研磨或电化学研磨抛光。

6）按电火花成形加工后的形状自然导向仿形，用小型回转砂轮手工进行研磨抛光。

7）用手动工具电解磨削抛光（采用金属基黏合剂的金刚石磨料），或者手动超声波电火花抛光，或者超声波电解抛光。

1.5.9 模具零件型腔加工常见问题原因分析

电火花成形加工在模具制造中是十分重要的工艺环节，尤其在塑料模的制造中更为重要。大多数塑料模零件通常采用电火花加工完成最终精加工，加工质量直接影响模具零件的装配性能或成形精度。加工过程中出现的异常情况轻则造成一些不必要的处理方法，重则造成工件整体报废，延长了模具制造周期，增加了模具制造成本，降低了模具质量，因此防范发生加工异常情况具有重要意义。加工常见问题包括加工中的不正常现象和加工后的质量问题。

1. 产生放电不稳定现象的原因及改善措施

（1）电火花成形机床本身性能不稳定造成放电不稳定现象　电火花成形加工主要依靠机床良好的加工性能来完成加工。高档电火花成形机床配备有多种脉冲输出电路，主轴具有高速和高响应伺服特性，这些特性能满足在加工中进行高稳定加工，实现高质量加工。如果机床加工性能不好，则常在加工中出现难以控制的放电不稳定问题，严重影响加工质量。机床脉冲电源工作性能、机床伺服进给系统异常是电火花成形机床因本身原因造成放电不稳定现象的主要原因。如机床脉冲电源波形失常是最常见的问题，使加工不能稳定进行。要实现稳定的放电加工，必须要求机床的脉冲电源能输出一系列良性的脉冲，工作稳定可靠，不受外界干扰。机床的伺服进给系统应具有高度的灵敏性，能够准确对放电状态中的火花间隙进行检测，自动对异常放电进行调节，调整、滞后要尽量小，抗干扰能力强。由于机床性能异常方面的问题比较复杂，操作人员在经过确认是机床问题后，应及时与机床维修服务部联系，请专业人员维修，排除故障。

（2）电参数调节不正确对放电稳定产生不良影响　电参数使用不正确是产生放电不稳定现象的主要原因。电规准主要由峰值电流、脉冲宽度、脉冲间隔三大电参数组成。使用过大的电流、脉冲宽度，过小的脉冲间隔是电参数调节不合理产生放电不稳定现象的主要原因。三者应根据加工中的稳定性和加工的工艺指标要求具体设定和选择。在放电不稳定的情况下，首先考虑增大脉冲间隔，以利于消电离，改善排屑状况，同时对工艺指标影响也不大；其次考虑减小脉冲宽度，过大的脉冲宽度使加工中短时间内的放电次数过多，加工中来不及消电离，易产生烧弧。加工中的其他参数也很重要，如直接影响排屑效果的抬刀速度、放电时间、抬刀高度等参数。放电不稳定时，应加快抬刀速度，减少放电时间，增大抬刀高度。处理电参数时，应特别注意粗加工与精加工中放电稳定性的差别。粗加工时，由于放电能量大，火花间隙大，排屑效果好，往往能实现较稳定的加工；精加工时则恰恰相反，容易出现放电不稳定现象。因此对精加工应特别注意监控。加工的极性应正确，如果在通常加工中误使用正负极性加工，也会发生放电不稳定的现象，甚至根本无法加工。

（3）工作液处理方式不当及工作液质量问题造成放电不稳定的现象　电火花成形加工是在工作液介质中进行的。工作液的绝缘性能在脉冲放电的过程中起到消电离的作用，在加工中对电极和工件起到加速冷却作用，使电蚀产物从放电间隙中悬浮、排泄出去。在电火花成形加工中，常使用冲、抽油的方法进行排屑，以避免电弧放电，使加工稳定进行。但是不适当的工作液处理方式也会影响放电的稳定状况。冲、抽油压力过大，会使放电通道不易形成，产生不稳定的局部放电，尤其在精加工中很明显。可将冲、抽油压力控制在接近稳定加工的临界压力范围内。冲油方向不正确会使加工屑堆积而导致放电不稳定，而且容易形成积炭。一般采用朝开口部位冲油，不通底部位采用朝下淋油的方法。

采用冲液加工虽然能将加工屑很好排出，改善了放电的稳定性，但不均匀的电流磁场会引起集中放电和二次放电，对工件平面度、表面质量影响很大，产生放电间隙不均匀的现象；而且强烈的冲刷会引起电极边角异常损耗。因此在精密加工中，通常采用无冲液、浸油加工的工作液处理方式，依靠抬刀的动作来排屑，实现稳定加工。这就对机床配置提出了更高的要求，如机床主轴采用很高加速度进给加工时，产生的抽吸作用使存在于电极与工件之间的加工屑、焦油及废气等能有效地排出。

长时间的加工会使油温过高，加工部位表面如果不能很好地得到冷却，很容易产生放电不稳定的现象。油温应不高于35℃，必要时在工作液循环系统上油处安装冷却装置进行控制。加工中工作液的质量对加工放电稳定也很重要。含加工屑过多的脏污工作液，在加工中因不能及时缓解放电间隙内的污染状况，导致放电点不分散而形成有害的电弧放电。劣质的工作液因其性能差也会使加工中出现放电不稳定的现象。采用的电火花工作液要求具有低黏度、高绝缘性能，可疏通放电通道，流动性、渗透性好等。目前有很多类型的电火花成形加工专用工作液，而且在工作液中加入相关添加剂能改善放电性能，提高放电稳定性。

（4）电极材料的种类、质量及不同电极材料加工电参数配对对放电稳定性的影响 电极材料的导电性能必须良好，同时可稳定放电。纯铜电极的加工性能很好，尤其是加工稳定性，不易发生电弧放电或过渡电弧放电，在大多数加工中能稳定放电，被广泛采用。石墨电极的加工稳定性较好，最突出的特点是在很大电流的粗加工中能保持稳定的放电，并且保证电极的低损耗；但在精加工时，易发生放电不稳定现象，易产生拉弧烧伤。铜钨合金和银钨合金价格昂贵，是很少采用的电极材料。它们在加工微细部位、深槽等难加工部位仍能很稳定地放电，电极损耗极小，可在精密加工中使用。

选用的电极材料必须保证质量，才能在加工中保证放电稳定。纯铜必须是无杂质的电解铜，最好经过锻打。石墨电极材料有好几种分类，如埃米级、特细级、超细级、精细级等，可根据加工的精度、效率要求选择。石墨材料的组织均匀，强度较好，在加工中不易产生剥落。使用不同的电极材料进行加工应灵活处理电参数的配对，才能实现加工中放电稳定，加工效果良好，发挥所选材料的价值。

现在很多电加工机床都能根据不同的加工材料组合自动配对电参数。电参数配对主要是调整电流、脉冲宽度、脉冲间隔的大小。根据电极材料的性能，选用合适的电参数发挥材料的加工优势，处理其加工中的缺陷问题。

（5）选用的工艺方法不合理使加工中出现放电不稳定现象 电火花加工的工艺方法是否合理可行也是实现稳定加工的重点。大多数加工采用粗加工电极蚀除大量金属完成粗加工，然后再换半精或精加工电极完成过渡加工或精加工。这种工艺方法的关键是加工中应采用电极平动的方法来改善排屑状况，实现稳定加工。采用多段加工条件及自由平动的方法，随着加工深度的进给，另外两轴同时做扩大运动。加工中采用平动的方法可使放电更稳定，减少了二次放电现象，可获得侧面与底面更均匀的表面粗糙度，被广泛采用。平动量的大小视加工部位形状、精度要求确定，一般在精加工时取0.03mm左右。因平动量小，对加工的仿形精度也不会有影响。如果在加工中不采用平动的方法，则很难实现小间隙放电条件下的稳定加工。在精加工中，很容易因这个原因造成加工不稳定。不稳定放电形成的二次放电可能会使加工尺寸偏大，在排屑条件好的情况下也可能因实际产生的火花间隙小于电极缩放量而使加工尺寸偏小，使尺寸不能准确地得到控制。采用平动的加工方法能实现稳定的加工，能很好解决这些问题。

(6) 难以加工部位不利于稳定加工　有些加工部位因其加工局限性导致在加工中容易发生放电不稳定现象。在表面部位刚开始加工时，对于清角部位、尖细部位，由于实际放电面积偏小，电流密度偏大，局部电蚀产物浓度过高，放电点不能分散转移，放电后的余热来不及扩散而累积起来，造成过热，破坏加工的稳定性。因此必须暂时减小电流，待实际加工面积逐步扩大，加工逐步稳定后，再逐步增大电规准。

加工深孔、有斜度的部位、深腔部位时，由于排屑困难，在加工中也会发生放电不稳定现象，应采取适当的措施改善排屑状况。采用斜度类电极加工时，一定要有很高的排渣高度。加工深孔、深腔类部位时，可以为电极选用较大的尺寸缩放量，通过平动方式来改善排屑状况。有些难加工部位采用横向伺服加工也可以改善放电稳定性。对电极采用避空、开排气或排屑孔等也可以改善一些难加工情况下的放电不稳定现象。

(7) 加工操作环节中的操作问题造成的放电不稳定现象　加工操作中一些细小环节处理不当也会发生放电不稳定的现象。如小件或难以装夹的工件、电极因没有采取可靠的装夹方法，导致在加工中发生松动，出现放电不稳定的现象。工件经磨床加工后会产生磁性，尤其是小工件，如果没有经过退磁处理直接用于电火花加工，会使加工屑因被吸附难以排出而导致加工中放电不稳定，因此加工前必须对工件退磁。加工部位存在杂物、锈迹、毛刺，将导致开始加工时放电非常不稳定。通孔类部位的加工在装夹时没有考虑利用孔来排屑而变成不通孔加工，也会大大降低加工稳定性。

加工中产生"放炮"现象可能会使工件松动，气体引燃的过程也会影响加工的稳定性。电极找正有偏差将使其变倾斜，在加工中也会稍微影响放电的稳定。在深腔类部位的加工中，没有及时用毛刷清除加工屑积存物，会在加工中出现放电不稳定现象，使加工难以顺利进行。根据以上在操作中导致放电不稳定现象产生的原因，分别采取相对应的措施可改善加工的稳定性。

综合以上对电火花加工中放电不稳定现象产生原因的分析，可见加工屑的排出对电火花加工稳定性有举足轻重的作用，大多数措施基本上都是通过直接或间接改善排屑状况，在排屑顺畅的条件下实现稳定加工。对电火花成形加工中多种干扰因素的认识和排除，是实现稳定放电加工的重要保证。通过改善电火花成形加工中放电不稳定的现象，可以避免因异常放电产生的加工异常问题，保证加工质量，提高加工效率。

2. 模具零件型腔质量异常问题及分析

(1) 模具零件型腔加工部位实测尺寸不合格　用电火花成形加工完成的部位通常能达到的精度为0.005mm左右。模具零件中不同部位的加工精度要求是不一样的，有一些精度要求高的部位尺寸公差控制很严格。如果加工尺寸不在公差允许范围内，即为不合格尺寸。不合格尺寸或大于最大极限尺寸或小于最小极限尺寸。影响加工尺寸大小的因素有以下几种：

1) 电极尺寸缩放量的影响。电火花加工时，两极间存在火花间隙，为了加工出符合要求的尺寸，对电极缩放适当尺寸。电极的缩放尺寸在生产中称为电极减寸量。在加工时，实际产生的火花间隙与电极减寸量不匹配将直接影响加工尺寸的精度。

不采用电极平动加工时，如果所产生的火花间隙小于电极减寸量，加工出来的尺寸将小于标准值；相反，电极减寸量比实际火花间隙小时，会使加工后的尺寸大于标准值。因此，正确确定电极减寸量的大小是保证加工尺寸合格的前提。

确定电极减寸量大小时，要视加工部位的不同合理选用。塑料模具的加工部位一般分为结构性部位和成型部位。结构性部位在模具中起配合、定位等作用。这些部位的加工表面粗糙度无严格要求，但要求尺寸一次加工到位，保证加工后的尺寸符合要求。在确定这些部位火花间隙大小时，取加工时实际产生的火花间隙的大小。成型部位是用来直接成型塑件的部位，此类部位的加工尺寸和表面粗糙度都有相应的要求。电火花成形加工的成型部位一般在加工完成后采用抛光的方法去除火花痕迹，达到预定表面质量要求，因此在确定这类成型部位电极减寸量时，应准确确定抛光余量。一般抛光余量取 $4Ra+0.005$mm。在计算电极减寸量时，取实际火花间隙和抛光余量之和。

2）电极实际尺寸、平动量控制的影响。不采用电极平动加工时，电极的实际尺寸对加工部位完成的尺寸起决定性的作用。在正确确定电极火花间隙以后，应该采用合理的加工方法保证制造电极的精度。采用电极平动加工时，平动量的控制对加工尺寸起决定性的作用。应根据电极实测尺寸的大小，确定正确的平动量，以保证加工尺寸符合要求。

3）电极找正精度的影响。加工后的尺寸与电极的找正精度有很大的关系。电极的找正偏差会使其在与加工进给方向垂直的平面上的投影面积增大，使其加工部位的尺寸大于正常值。因此，一般存在用小电极加工后的侧面间隙比用大电极加工后的侧面间隙稍大的情况。因为小电极的找正精度不可能有大电极那样高。保证电极的找正精度是电火花加工开始阶段最重要的环节，是保证加工尺寸合格的重要条件之一。

4）电参数调节因素的影响。电参数调节直接关系到加工中实际火花间隙的大小。更改电参数条件的各项内容均会影响火花间隙的大小。对火花间隙影响最明显的是电流，随着电流的增大，火花间隙也相应增大。脉冲宽度的影响也是如此。脉冲间隔的增大会使火花间隙变小，但作用不是很明显。其他相关参数也在间接地影响火花间隙的大小。因此，在调节电参数时一定要选用合理，更改电参数时要了解其对加工尺寸产生的影响。

5）加工中电极损耗的影响。在加工过程中不可避免地存在电极损耗，电极损耗使加工完成的尺寸小于标准值。一定要正确控制电极损耗，保证加工的尺寸符合标准。

6）加工深度控制的影响。在加工尺寸中，加工进给方向的深度是一个特别重要的尺寸。深度的控制精度关系到加工尺寸是否合格。影响深度控制精度的因素首先是加工前的对刀精度。对刀时，如果电极和工件间存在杂物，会使对刀产生偏差，通常会使加工完成的深度小于标准值。因此，对刀时一定要保证两极间干净。其次是预留的加工余量。加工部位侧面的尺寸控制取决于电极的火花间隙；而深度控制则取决于加工时对所要加工的深度尺寸的预留。预留量的选取同电极火花间隙选取原则相同。再次是对刀基准的精度。电极用来对刀的部位必须是明确的基准，基准面应光洁平整。最后还要注意在粗加工中电极热膨胀的影响，热膨胀使电极变长而超过为精加工预留的余量，使加工深度偏深，出现精加工时修不光的现象。

（2）加工部位表面质量不合格　表面质量异常问题一般为积炭、表面粗糙度不符合要求、表面变质层过厚毛边和塌角，下面针对这四种问题具体分析。

1）积炭。积炭是表面质量异常最严重的问题，对模具零件产生破坏性的效果。它是电火花成形加工中放电异常的产物。在电火花成形加工中，发生积炭的场合有：精加工时，在电流条件较小的加工场合较易出现放电不稳定现象、拉弧倾向；大面积电极加工和尖、小电极加工场合较易发生积炭，前者是因为放电面积大，放电能量分布不均匀而较易发生集中放电，后者是因为放电面积太小，过大的放电能量导致拉弧；另外，加工较深的不通孔时，由于排屑条件不利也较易积炭。

2) 表面粗糙度不符合要求。加工完成的表面粗糙度不符合要求是表面质量异常的常见问题。一些精密部位通常要求加工出很细微的表面再采用抛光处理，如果加工表面粗糙，将会增大抛光量，影响加工形状和尺寸精度。电极表面粗糙度直接影响加工表面的表面粗糙度。由于加工时是将电极的表面复制到工件表面，所以精加工的电极通常都要抛光处理。电极材料质量差、组织不均匀、含杂质等会使加工出来的工件表面不均匀，达不到预定要求，选择电极材料时应根据加工部位的要求合理选用。粗加工的加工余量对精加工效果的影响很大。如果余量太小，则会产生精加工修不光的现象。一般粗加工为精加工留 0.15mm 的加工余量进行修光。

3) 表面变质层过厚。放电时产生的瞬时高温、高压，以及工作液快速冷却作用，使工件表面在放电结束后产生与原材料工件性能不同的变质层。一般情况下，表面变质层对加工结果的影响是不利的。尤其是表面变质层过厚，会使加工表面的耐磨性、耐疲劳性大大降低，对工件使用寿命产生不利的影响。表面变质层过厚的情况一般发生在加工部位比较小的地方，因为这些加工部位在放电加工时的放电能量很大。

4) 毛边和塌角。使用石墨电极加工模具，有可能会出现加工口部存在凸起的毛边或者塌角的异常问题，如图 1-131 所示。使用石墨电极可以承受大电流加工，在大电流加工条件下，被蚀除的材料量很多，并需要及时被排走，电极和工件之间的温度能够及时恢复正常。如果被蚀除的材料没有被及时排走，加之工作区温度很高，一部分被蚀除的材料在排出型腔的时候黏附在加工部位的口部，在加工中累积形成类似毛边的加工缺陷；同时，由于排渣不及时，产生的二次放电可能会将口部的尖角变成塌角。

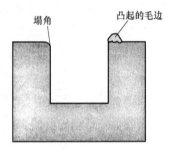

图 1-131　加工出现毛边和塌角

解决上述问题的措施有：在一定的加工面积下，放电能量不能过大，以保证被蚀除的材料能够及时从加工区排走。粗加工时，在浸油加工的同时，一定要侧向冲油，并且要保证有一定的压力，使被蚀除的材料能顺利、均匀地排走，这点非常重要。加工开始阶段，先不要使用大电流进行加工，待加工进入正常状态时再加大电流。为了保证加工区被蚀除的材料能够及时排走，调整加工参数也显得很重要，如将放电时间减短、抬刀高度降低、脉冲间隔增大等。加工中要及时清理加工部位残余的加工屑。

3. 加工中的异常现象

（1）加工效率很低　电火花成形加工的效率直接影响模具的加工效率，应正确控制。电参数是影响加工速度的主要因素。加工电流的大小是电参数中影响最明显的条件。一般在粗加工中，应在保证为精加工预留适当余量的原则上选用最大电流，这样既提高了加工效率，又便于精加工的进行。

如果在粗加工中电流选用过小，则会影响粗加工的效率，同时因为精加工的余量比较大，也降低了精加工的效率。提高脉冲频率，即加大脉冲宽度、减小脉冲间隔也是提高加工效率的方法。

其他辅助电参数同样也很重要，如可以增加放电时间，减少抬刀次数。但要以加工稳定为前提，否则加工区工作液不能及时消电离，电蚀产物不能及时排出，反而导致加工效率下降。比如在大面积精加工时，应将放电时间长度设为很短，勤抬刀。只有这样才能保证加工顺利进行，在放电稳定的情况下，实质上提高了加工效率。

工作液的质量、冲液方式的影响也很明显。应选用优质电火花工作液，在冲液时采用合理的冲液方式，保证排屑顺畅，大电极加工时建议浸油加工。加工部位应先进行预加工，留适当余量。加工余量过多会增加加工时间，从而大大降低加工效率。粗加工为精加工预留的深度余量不宜太多，尤其在大面积的情况下，因为精加工时的电蚀能力很低，余量过多时会提高加工难度，从而影响加工效率。

（2）电极损耗很大　电极损耗过大时，会严重影响加工部位的仿形精度和尺寸精度。应正确分析引起电极损耗大的原因。电规准中脉冲宽度是控制电极损耗的主要参数，在电极损耗大的情况下应考虑选用的脉冲宽度值是否太小。在精度要求很高的情况下，应考虑选用的电极材料能否达到低损耗加工要求。检查加工的正、负极性是否正确。采用小电极加工时，是否因为加工电流过大引起损耗过大。冲油压力、流速过大也会引起电极局部损耗过大，应注意适当调整。

（3）放电状态不稳定　放电状态不稳定是加工过程中能够发现的异常现象，应及时处理，以免影响加工质量。放电状态不稳定时，会有一系列相应表现，如火花颜色红亮，冒白烟，声音低而闷，放电集中于一处，电流表、电压表指针不均匀地急速摆动，伺服百分表指针来回摆动等（有些机床具有加工稳定指示灯）。发现这些情况时，应先考虑电参数的影响，如放电时间是否过长，排渣高度是否不够，电流、脉冲宽度是否过大，脉冲间隔是否过小等；其次应考虑加工部位是否存在杂物、毛刺；再次应考虑冲油压力和方式的选用是否合理。

（4）电极发生变形　电极发生变形多见于采用薄、小电极的加工中。电极变形主要是热变形，其次是因伺服压力过大引起的。对于这类电极的加工，放电能量不能太大，加工过程中热量持续的时间不能太长。因此，电流不能选择太大，放电时间要短，冲液要充分。在设计电极时，除结构本身薄、小的部位外，电极的其他加工部位应具有足够的强度。

（5）型孔加工中产生"放炮"　在加工过程中产生的气体集聚在电极下端或工作液（油）杯内部，当气体被电火花引燃时，就会像"放炮"一样冲破阻力而排出，这时很容易使电极与型腔模错位，这种情况在抽油加工时更易发生。因此，在使用油杯进行型孔加工时，要特别注意排气，可适当抬刀或者在油杯顶部周围开出气槽、排气孔，以利于排出积聚的气体。

（6）操作不当造成的加工异常现象　由于操作不当而导致加工质量异常在生产中时有发生。如坐标值设置错误、深度设置有误、电极装夹方向错误、拿错电极、看错图样、数控程序出错、设计出错等。有时一些小错误造成的后果却是很严重的，因此，操作人员应尽量避免犯错误，不断提高自身的技术水平。

1.5.10　程序编辑

在苏州新火花SPM400B成形机床系统中，用户可以在编辑模块的界面中直接进行数控程序的编制，生成程序文件，然后在【用户加工】模块下按该程序文件进行加工。

1. 编辑界面构成

在主菜单中按【UTY】按钮,屏幕显示 UTY 界面,如图 1-132 所示。

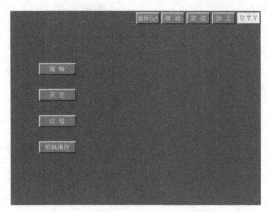

图 1-132　UTY 界面

图 1-131 所示界面由【编辑】【设定】【过程】【机械操作】四个模式按钮组成,按其中的【编辑】按钮,屏幕显示编辑界面,如图 1-133 所示。

编辑界面由以下三部分组成:

(1)题头　题头部分显示正处在编辑状态的程序文件名、当前所处的【UTY】下的模式及模块状态(当前被选中的【UTY】按钮)。

(2)编辑窗口　编辑窗口中显示目前正在编辑的程序文件内容。

(3)模拟键盘　界面下部是模拟键盘。键盘上有编辑功能按钮,字母按钮,数字按钮等,使用这些按钮可以方便地对程序文件进行编制。

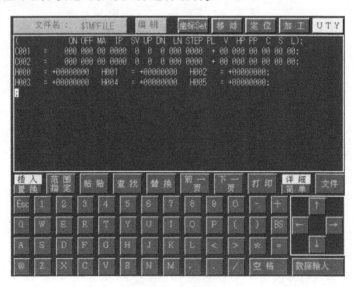

图 1-133　编辑界面

2. 编辑功能

位于编辑窗口下的一组功能按钮(包括【插入/置换】【范围指定】【粘贴】 等)用于生成和编辑程序文件,下面分别介绍各按钮的功能及用法。

（1）【插入/置换】　此按钮为"切换选中"按钮，即每按此按钮一次，【插入】和【置换】按钮交替成为选中状态，两者互相切换。当【插入】按钮为选中状态（表现为这一半按钮为"凹"）时，则字符输入时以插入的形式输入，即输入时不覆盖当前光标下原来的字符。当【置换】按钮被选中时，则字符输入时以置换的形式输入，即新字符覆盖当前光标下的原字符。

（2）【范围指定】　按【范围指定】按钮，功能按钮行发生变化，如图1-134所示。

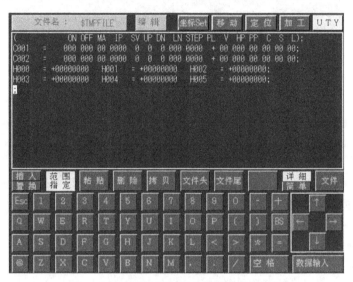

图1-134　【范围指定】功能按钮变化界面

用方向按钮操作光标，选择程序文件文本的范围。此时被选中的范围以文本反显来表示。此时可利用新出现的功能按钮进行下一步的操作。

新的功能按钮包括以下几种。

1）【删除】：删去选中的文本内容（并把此文本内容写在剪贴板上），然后返回上一级的【插入/置换】状态。

2）【拷贝】：复制选中的文本内容（并把此文本内容写在剪贴板上），然后返回上一级的【插入/置换】状态。

3）【文件头】：使光标移到此文件的开头行，然后返回上一级的【插入/置换】状态（此时不改变剪贴板上的内容）。

4）【文件尾】：使光标移到此文件的结束行上，然后返回上一级的【插入/置换】状态（此时不改变剪贴板上的内容）。

（3）【粘贴】　将剪贴板上的内容插入到当前光标位置前。

（4）【查找】　按【查找】功能按钮，屏幕上会出现提示。根据提示输入搜索的字符内容及搜索的方向，按【数据输入】按钮后系统寻找匹配的文本内容。找到后用彩色反显匹配文本；要继续查找，按【数据输入】按钮。如找不到匹配的文本内容，则出信息提示。

（5）【替换】　按【替换】按钮，屏幕上会出现提示。根据提示输入旧字符串、新字符串和替换方向，按【数据输入】按钮后，用彩色反显匹配文本；此时再按【数据输入】按钮确认后，系统以新字符串替换原来的旧字符串；若按其他按钮，则不进行替换。此后系统自动搜索下一个匹配文本，直到搜索完所有匹配文本。

（6）【文件】 要进行编辑中的文件操作，需按【文件】按钮。文件操作界面如图 1-135 所示。

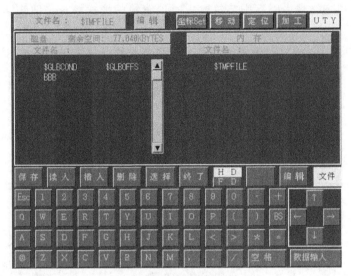

图 1-135　文件操作界面

文件操作界面中新的功能按钮有以下几种。

1）【保存】：对当前编辑的文件进行保存。按此按钮后，根据提示输入文件名，按【数据输入】按钮完成操作，同时退出文件。

2）【读入】：从文件表中选择想要编辑的文件名（可以用滚动条翻看文件列表），按【数据输入】按钮确认，打开选择的文件以供修改或编辑。

3）【插入】：在当前编辑的文件中插入另一文件。

4）【删除】：按【删除】按钮后，在文件列表中选择想要删除的文件名，按【数据输入】按钮确认并完成删除操作。

5）【选择】：在处于编辑状态的文件中选择并切换到当前要编辑的文件。

6）【终了】：退出（不保存）当前编辑的程序文件。

7）【HD/FD】："切换选中"按钮，默认状态为"HD"，即程序文件是在硬盘读写。按此按钮后，切换为"FD"状态，即编辑模式中进行操作的程序文件是在软盘上进行的。

8）【编辑】：按此按钮，由当前的文件操作界面退到上一级的编辑界面和功能按钮。

编辑完成的程序文件，在【用户加工】模块下可进行加工。

【读入】按钮与【选择】按钮区别：【读入】按钮是从磁盘中读文件到内存中，可读多个文件；【选择】按钮是从内存中多个文件中选择一个文件进行编辑。

【任务实施】

1. 加工条件的选择

为了确保电极的损耗小，选择"电极-工件材料对"为铜-钢（最小损耗参数见表 1-7）。

（1）粗加工条件选择　根据图样已知条件，计算出加工面积约为 $8cm^2$，查表 1-7，选择

第一加工条件号为113。

（2）精加工条件选择　图样最终要求的底面表面粗糙度值、侧面表面粗糙度值均为 $Ra2.0\mu m$，查表1-7，满足要求的条件号为105。

（3）中间过渡条件选择　为了保证最终加工达到要求的表面粗糙度值，在表1-7中从113～105中间的加工条件全部选择（图1-136），即加工过程为113→112→111→110→109→108→107→106→105。

条件号	面积 /cm²	安全间隙 /mm	放电间隙 /mm	加工速度 /(mm²/min)	损耗 /%	侧面表面粗糙度 Ra/μm	底面表面粗糙度 Ra/μm
100			0.01				
101		0.046	0.035			0.56	0.7
103		0.055	0.045			0.8	1
104		0.065	0.05			1.2	1.5
105		0.085	0.055			1.5	1.9
106		0.12	0.065			2	2.6
107		0.17	0.095			3.04	3.8
108	1.00	0.27	0.16	13	0.1	3.92	5
109	2.00	0.4	0.23	18	0.05	5.44	6.8
110	3.00	0.56	0.31	34	0.05	6.32	7.9
111	4.00	0.68	0.36	65	0.05	6.8	8.5
112	6.00	0.8	0.45	110	0.05	9.68	12.1
113	8.00	1.15	0.57	165	0.05	11.2	14
114	12.00	1.31	0.7	265	0.05	12.4	15.5
115	20.00	1.65	0.89	317	0.05	13.4	16.7

2倍的电极减寸量

最后一个精加工条件

中间过渡条件

第一个粗加工条件

图1-136　加工条件选择示意图（锥度加工）

2. 电极设计

（1）材料选择　根据现场加工条件选择纯铜作为电极材料。

（2）电极尺寸公差　为了保证达到产品图样尺寸公差要求，电极制造公差等级相对需要高于产品公差等级。

（3）电极减寸量　根据最后一个精加工条件确定电极减寸量。查表1-7，加工条件号为105的放电间隙为0.055mm，因此电极的减寸量为0.028mm。电极的具体尺寸如图1-137所示。

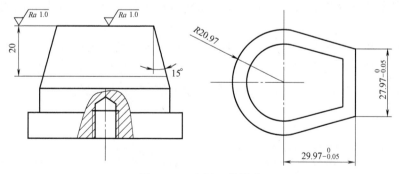

图1-137　电极二维尺寸

（4）加工深度　将已知数据代入式（1-12），即 $Z_1 = Z-(M/2-S)/\sin\alpha-S$，计算出各加工条件的加工深度如下：

$$Z_{C113} = [20-(1.15/2-0.028)/\sin15°-0.028]mm = 17.859mm$$

$$Z_{C112} = [20-(0.8/2-0.028)/\sin15°-0.028]mm = 18.535mm$$

$$Z_{C111} = [20-(0.68/2-0.028)/\sin15°-0.028]\text{mm} = 18.767\text{mm}$$

$$Z_{C110} = [20-(0.56/2-0.028)/\sin15°-0.028]\text{mm} = 18.998\text{mm}$$

$$Z_{C109} = [20-(0.4/2-0.028)/\sin15°-0.028]\text{mm} = 19.307\text{mm}$$

$$Z_{C108} = [20-(0.27/2-0.028)/\sin15°-0.028]\text{mm} = 19.559\text{mm}$$

$$Z_{C107} = [20-(0.17/2-0.028)/\sin15°-0.028]\text{mm} = 19.752\text{mm}$$

$$Z_{C106} = [20-(0.12/2-0.028)/\sin15°-0.028]\text{mm} = 19.848\text{mm}$$

$$Z_{C105} = [20-0.028]\text{mm} = 19.972\text{mm}$$

（5）电极制造　利用数控铣床或加工中心制造电极，电极的形状如图 1-138 所示。除电极成形部位按照图样加工保证尺寸公差外，其他如装夹、定位部分在现场加工时根据电极毛坯尺寸确定。为达到电极表面粗糙度要求，最后需采用研磨抛光工艺。

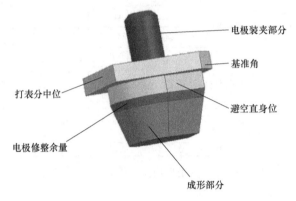

电极装夹部分

基准角

打表分中位

避空直身位

电极修整余量

成形部分

图 1-138　电极示意图

3. 工件、电极的装夹与定位

（1）工件的预加工　为了降低电极损耗，保证平动加工尺寸精度，一般在平动加工开始前先对工件型腔进行预加工。用普通铣床或数控机床去除大量加工余量，底面和侧面留适量加工余量进行平动放电加工。

本任务根据现场设备情况，采用数控铣床对工件进行预加工，底面和侧面留适量加工余量。

（2）工件、电极的装夹与定位　工件用永磁吸盘装夹在工作台上，用千分表打表找正后吸紧。电极用通用夹头装夹在电火花成形机床主轴上，用千分表打表找正后利用机床的自动找角功能或自动分中功能将电极自动定位到工件图样要求的位置。

4. 程序编制

O2222	程序名
G54 G21 G90；	在 G54 坐标系内用米制、绝对坐标编程
T84；	开泵
G30 Z+；	Z 轴正方向抬刀
G00 Z+1.0；	快速进给到 Z＝+1.0mm 处
C113；	调用 113 条件号准备放电加工
G01 Z-17.859；	直线加工到 Z＝-17.859mm 处停止加工
M05 G00 Z+1.0；	忽略接触感知，Z 轴快速回退到 Z＝+1.0mm 处

C112；	调用112条件号准备放电加工
G01 Z-18.535；	直线加工到Z=-18.535mm处停止加工
M05 G00 Z+1.0；	忽略接触感知,Z轴快速回退到Z=+1.0mm处
C111；	调用111条件号准备放电加工
G01 Z-18.767；	直线加工到Z=-18.767mm处停止加工
M05 G00 Z+1.0；	忽略接触感知,Z轴快速回退到Z=+1.0mm处
C110；	调用110条件号准备放电加工
G01 Z-18.998；	直线加工到Z=-18.998mm处停止加工
M05 G00 Z+1.0；	忽略接触感知,Z轴快速回退到Z=+1.0mm处
C109；	调用109条件号准备放电加工
G01 Z-19.307；	直线加工到Z=-19.307mm处停止加工
M05 G00 Z+1.0；	忽略接触感知,Z轴快速回退到Z=+1.0mm处
C108；	调用108条件号准备放电加工
G01 Z-19.559；	直线加工到Z=-19.559mm处停止加工
M05 G00 Z+1.0；	忽略接触感知,Z轴快速回退到Z=+1.0mm处
C107；	调用107条件号准备放电加工
G01 Z-19.752；	直线加工到Z=-19.752mm处停止加工
M05 G00 Z+1.0；	忽略接触感知,Z轴快速回退到Z=+1.0mm处
C106；	调用106条件号准备放电加工
G01 Z-19.848；	直线加工到Z=-19.848mm处停止加工
M05 G00 Z+1.0；	忽略接触感知,Z轴快速回退到Z=+1.0mm处
C105；	调用105条件号准备放电加工
G01 Z-19.972；	直线加工到Z=-19.972mm处停止加工
M05 G00 Z+1.0；	忽略接触感知,Z轴快速回退到Z=+1.0mm处
T85；	关泵
M02；	程序结束

5. 放电加工

直接在苏州新火花SPM400B成形机床系统里输入加工程序,通过机床主菜单【加工】→【用户】→【硬盘】按钮,将程序调出,按照相关加工步骤准备加工后,按[ENT]键开始放电加工。加工后产品如图1-139所示。加工结束后,需仔细检查模具型腔尺寸、表面粗糙度等是否达到图样要求,并按要求做好记录。

图1-139　加工后产品示意图

【任务训练与考核】

1. 任务训练

工件尺寸如图1-140所示,试在苏州新火花SPM400B成形机床上完成电极的设计、制造及工件的加工。

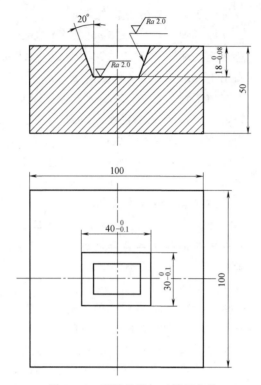

图 1-140 型腔锥度加工练习产品

2. 任务考核（表 1-14）

表 1-14 锥形型腔加工任务考核表

任务考核项目	考核内容	参考分值	考核结果	考核人
素质目标考核	遵守规则	5		
	课堂互动	10		
	团队合作	5		
知识目标考核	型腔锥度加工条件选择	5		
	锥度加工的深度计算	5		
	锥度加工程序编制	15		
	电极的设计、制造	10		
能力目标考核	工件、电极的装夹与找正	20		
	型腔锥度加工	20		
	SPM400B 成形机床操作与维护	5		

【思考与练习】

1. 放电加工的基本步骤有哪些？

2. 放电加工拉弧现象如何解决？

3. 影响放电加工不稳定的因素有哪些？

4. 影响尺寸精度的因素有哪些？

5. 模具型腔加工结束后需要进行哪些检查工作？

6. 产品尺寸如图 1-141 所示，试编制产品放电加工程序。

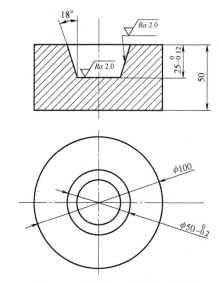

图 1-141　锥度加工编程练习产品

项目2　模具零件电火花线切割加工

任务1　电火花线切割机床安全操作规程编制

【任务导入】

电火花线切割属于电火花加工的范畴，其原理、特点与电火花成形加工有类似之处，但又有其特殊的一面。电火花线切割机床按电极丝移动速度的快慢，分为快走丝和慢走丝两大类。通常走丝速度在 5～12m/s 范围内为快走丝，走丝速度在 0.1～0.5m/s 范围内为慢走丝。

通过学习，本任务需完成图 2-1 所示的电火花线切割机床的安全操作规程的制订，并提出机床维护保养的方法。

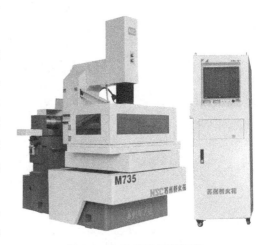

图 2-1　电火花线切割机床
（苏州新火花 MF735）

【相关知识】

2.1.1　快走丝电火花线切割加工的原理

快走丝电火花线切割加工不用成形电极，而是利用一个连续沿其轴线移动的细金属丝作为电极（电极丝），并在金属丝与工件间通以脉冲电流，使工件产生电蚀而完成加工的。

快走丝电火花线切割加工原理如图 2-2 所示，电极丝与工件连接脉冲电源，电极丝穿过工件上预钻的孔，经导向轮由贮丝筒带动做往复交替移动。工件安装在工作台上，由数控装置按加工要求发出指令，控制两台步进电动机带动工作台在 X、Y 两个坐标方向移动而合成任意曲线轨迹，工件被切割成所需要的形状。加工时，由喷嘴将工作液以一定的压力喷向加工区，当脉冲电压击穿电极丝和工件之间的放电间隙时，两极之间即产生火花放电而蚀除工件。

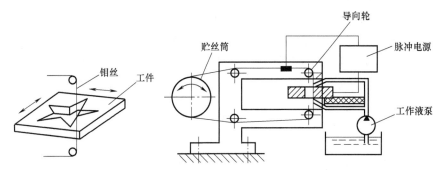

图 2-2　快走丝电火花线切割加工原理

2.1.2　快走丝电火花线切割加工的特点

与电火花成形加工相比，快走丝电火花线切割加工的特点如下：

1）不需要制造成形电极，工件材料的预加工量少。

2）由于采用移动的长电极丝进行加工，单位长度电极丝损耗较少，对加工精度影响小。

3）电极丝材料不必比材料硬，可以加工难切削的材料，如淬火钢、硬质合金，而非导电材料无法加工。

4）由于电极丝很细，能够方便地用于加工复杂形状、微细异形孔、窄缝等，又由于切缝很窄，工件切除量少，材料损耗少，可节省贵重材料，成本低。

5）由于加工中电极丝不直接接触工件，故工件几乎不受切削力，适宜加工低刚度工件和细小工件。

6）直接利用电能、热能加工，可以方便地对影响加工精度的参数（脉冲宽度、脉冲间隙、峰值电流等）进行调整，有利于加工精度的提高，且操作方便，加工周期短，便于实现加工过程中的自动化。

2.1.3　快走丝电火花线切割加工的应用范围

1）模具加工。绝大多数模具都采用线切割加工制造，如冲模的凸模、凹模、固定板、卸料板，粉末冶金模，镶拼型腔模，拉丝模，波纹板成形模，冷拔模等。

2）加工特殊形状、难加工工件，如成形刀具、异形样板、复杂轮廓的量规；加工微细孔槽、任意曲线、窄缝，如异形孔喷丝板、射流元件、激光器件、电子器件等的微孔与窄缝。

3）特殊材料加工。各种特殊材料和特殊结构的工件，如电子器件、仪器仪表、电机电器、钟表等零件，以及凸轮、薄壳器件等。

4）贵重材料的加工。各种导电材料（特别是贵重金属）的切断和各种特殊结构工件的切断。

5）制造电火花成形加工用的粗、精电极。如形状复杂、带穿孔的、带锥度的电极。

6）新产品试制。

2.1.4　慢走丝电火花线切割加工的原理

慢走丝电火花线切割加工是利用铜丝作为电极丝，靠火花放电对工件进行切割，如图 2-3 所示。在加工中，电极丝一方面相对工件不断做上（下）单向移动；另一方面，安装工件的工作台在数控伺服 X 轴驱动电动机、Y 轴驱动电动机的驱动下，实现 X、Y 轴方向的切割进给，使电极丝沿加工图形的轨迹，对工件进行加工。在电极丝和工件之间加上脉冲电源，同时在电极丝和工件之间浇注工作液，不断产生火花放电，使工件不断被电蚀，可控制完成工件的加工。电极丝经导向轮由贮丝筒带动电极丝相对工件做单向移动。

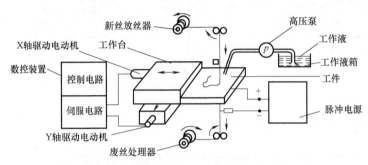

图 2-3　慢走丝电火花线切割加工原理

2.1.5　慢走丝电火花线切割加工的特点和应用范围

1）不需要制造成形电极，用一个细电极丝作为电极，按一定的切割程序进行轮廓加工，工件材料的预加工量少。

2）电极丝张力均匀恒定，运行平稳，重复定位精度高，可进行二次或者多次切割，从而提高了加工效率，加工表面粗糙度 Ra 值小，最佳表面粗糙度值可达 $Ra0.05\mu m$。尺寸精度大为提高，加工精度已稳定达到 $\pm0.001mm$。

3）可以使用多种规格的金属丝进行切割加工，尤其是贵重金属切割加工，采用直径较细的电极丝，可节约贵重金属。

4）慢走丝电火花线切割机床采用去离子水作为工作液，因此不必担心发生火灾，有利于实现无人化连续加工。

5）慢走丝电火花线切割机床配用的脉冲电源峰值电流很大，切割速度最高可达 $400mm^2/min$。不少慢走丝电火花线切割机床的脉冲电源配有精加工回路或无电解作用加工回路，特别适用于微细超精密工件的切割加工，如模数为 0.055mm 的微小齿轮等。

6）有自动穿丝、自动切断电极丝运行功能，即只要在工件上留有加工工艺孔就能够在一个工件上进行多工位的无人连续加工。

7）慢走丝电火花线切割采用单向运丝，即新的电极丝只通过加工区域一次，因而电极丝的损耗对加工精度几乎没有影响。

8）加工精度稳定性高，切割锥度表面平整、光滑。

慢走丝电火花线切割广泛应用于精密冲模、粉末冶金模、样板、成形刀具及特殊、精密零件的加工。

2.1.6　电火花线切割机床分类

1. 线切割机床的型号

（1）我国自主生产的线切割机床　我国自主生产的线切割机床型号是根据国家标准 GB/T 15375—2008《金属切削机床 型号编制方法》的规定编制的，机床型号由汉语拼音字母和阿拉伯数字组成，它表示机床的类别、特性和基本参数。现以型号为 DK7732 的数控电火花线切割机床为例，对其型号中各字母与数字的含义解释如下：

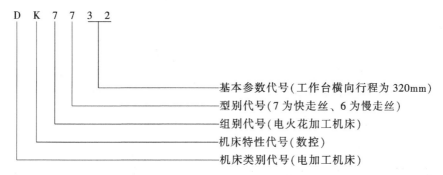

（2）国外生产的线切割机床　国外生产线切割机床的厂商主要有瑞士和日本两国。其主要的公司有：瑞士 GF 阿奇夏米尔公司、日本三菱电机公司、日本沙迪克公司、日本法那科公司、日本牧野公司。

国外机床的编号一般也是以系列代码加基本参数来编制的，如日本沙迪克公司的 A 系列/AQ 系列/AP 系列，三菱电机公司的 FA 系列等。

（3）我国引进生产的线切割机床　我国引进的线切割机床主要由苏州中特机电科技有限公司、苏州三光科技股份有限公司、汉川机床集团有限公司生产，其机床的编号符合我国机床编号标准。

2. 线切割机床的分类

（1）按走丝速度分类　根据电极丝的运行速度不同，电火花线切割机床通常分为以下两类。

1）快走丝电火花线切割机床（WEDM-HS）。其电极丝做快速往复运动，一般走丝速度为 8~10m/s，电极丝可重复使用，加工速度较慢，且快速走丝容易造成电极丝抖动和反向时停顿，使加工质量下降，是我国生产和使用的主要机种，也是我国独创的电火花线切割加工模式。

2）慢走丝电火花线切割机床（WEDM-LS）。其电极丝做慢速单向运动，一般走丝速度低于 0.2m/s，电极丝放电后不再使用，工作平稳、均匀、抖动小、加工质量较好，且加工速度较快，是国外生产和使用的主要机种。

数控快走丝线切割机床与数控慢走丝线切割机床的比较见表 2-1。

表 2-1　数控快走丝线切割机床与数控慢走丝线切割机床的比较

比较项目	数控快走丝线切割机床	数控慢走丝线切割机床
走丝速度	常用值为 8~10m/s	常用值为 0.001~0.25m/s
电极丝工作状态	往复供丝，反复使用	单向运行，一次性使用
电极丝材料	钼、钼钨合金	黄铜、铜、以铜为主的合金或镀覆材料、钼丝
电极丝直径	常用值为 0.18mm	0.02~0.38mm，常用值为 0.1~0.25mm
穿丝换丝方式	只能手工	可手工，可半自动，全自动
工作电极丝长度	200m 左右	数千米
电极丝振动	较大	较小

（续）

比较项目	数控快走丝线切割机床	数控慢走丝线切割机床
运丝系统结构	简单	复杂
脉冲电源	开路电压为 80~100V,工作电流为 1~5A	开路电压为 300V 左右,工作电流为 1~32A
单面放电间隙	0.01~0.03mm	0.003~0.12mm
工作液	线切割乳化液或水基工作液	去离子水,有的场合采用电火花加工专用油
导丝机构形式	普通导轮,寿命较短	蓝宝石或钻石导向器,寿命较长
机床价格	较便宜	其中进口机床较昂贵
最大切割速度	$180mm^2/min$	$400mm^2/min$
加工精度	0.01~0.04mm	0.002~0.011mm
表面粗糙度 Ra	1.6~3.2μm	0.1~1.6μm
重复定位精度	0.02mm	0.002mm
电极丝损耗	均布于参与工作的电极丝全长	不计
工作环境	较脏、有污染	干净、无害
操作情况	单一、机械	灵活、智能
驱动电动机	步进电动机	直流电动机

（2）按其他方式分类

1）按机床的控制形式分类。按控制形式不同，电火花线切割机床可分为以下三种。

① 靠模仿形控制机床。在进行线切割加工前，预先制造出与工件形状相同的靠模；加工时，把工件毛坯和靠模同时装夹在机床工作台上，在切割过程中电极丝紧紧地贴着靠模边缘做轨迹移动，从而切割出与靠模形状和精度相同的工件。

② 光电跟踪控制机床。在进行线切割加工前，先根据零件图样按一定放大比例描绘一张光电跟踪图；加工时，将图样置于机床的光电跟踪台上，跟踪台上的光电头始终追随墨线图形的轨迹运动，再借助于电气、机械的联动，控制机床工作台连同工件相对电极丝做相似形的运动，从而切割出与图样形状相同的工件。

③ 数字程序控制机床。采用先进的数字化自动控制技术，驱动机床按照加工前根据工件几何形状参数预先编制好的数控加工程序自动完成加工，不需要制作靠模样板，也无须绘制放大图，比前面两种控制形式具有更高的加工精度和广阔的应用范围。

目前国内外 98% 以上的电火花线切割机床都已数控化，前两种机床已经停产。

2）按机床配用的脉冲电源类型分类。按机床配用的脉冲电源类型不同，可分为 RC 电源机床、晶体管电源机床、分组脉冲电源机床及自适应控制电源机床等。

3）按机床工作台的尺寸与行程的大小，可分为大型、中型、小型线切割机床。

4）按加工精度的高低，可分为普通精度型及高精度精密型两大类线切割机床。绝大多数慢走丝线切割机床属于高精度精密型机床。

2.1.7 M735 型电火花线切割机床的结构及技术参数

1. 机床的结构特点

图 2-4 所示为 M735 型电火花线切割机床结构，机床的机械部分主要由床身、工作台组

件、走丝装置及立柱四部分组成。

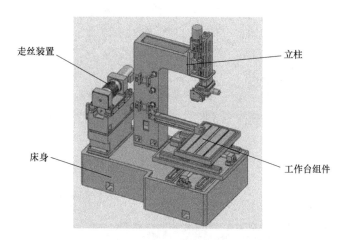

图 2-4   M735 型电火花线切割机床结构

（1）床身   低宽的 T 形床身，造型新颖、稳定可靠。床身加厚并采用优质铸铁铸造，合理地分布加强筋，使床身不易变形，是保证机床刚性的基础。同时可以有效地控制工作台负荷对机床运动精度的影响，增加走丝系统的稳定性。床身结构如图 2-5 所示。

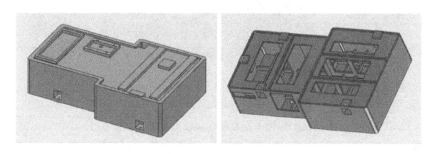

图 2-5   M735 型电火花线切割机床床身结构

（2）工作台组件   工作台标准配置主要由上拖板（工作台）、中拖板、滚珠丝杠、轴承座、电机座、导轨等组成，工作台的运动精度将直接影响加工精度。

在 M7 系列机床中，拖板的 X、Y 轴采用直线导轨结构，由伺服电动机直接连接滚珠丝杠来实现 X、Y 轴的轴向运动，减少了中间的传动环节，降低了传动误差，从而使工作台得到高精度的运动轨迹。

工作台的 X、Y 轴向移动是沿着导轨往复移动的，对导轨的精度、刚度和耐磨性有较高的要求，此外，导轨应使拖板运动灵活、平稳。M7 系列机床选用的导轨为直线导轨，可减少导轨间的摩擦力，便于工作台实现精确和微量移动。工作台结构如图 2-6 所示。

（3）走丝装置   整个走丝系统由运丝组件、立柱组件及升降组件等几部分组成。线切割机床的走丝系统直接影响加工工件的表面粗糙度。全新设计的 C 型机构机床使整机的刚性得到大幅提升。消除了 E 型结构机床在高速运丝下，上、下线架抖动而带来的钼丝抖动。同时机床配制了双向恒张力胀丝机构，对上、下钼丝同时张紧，进一步减小了钼丝抖动，降低了钼丝损耗，提高了加工件的表面质量。走丝装置结构如图 2-7 所示。

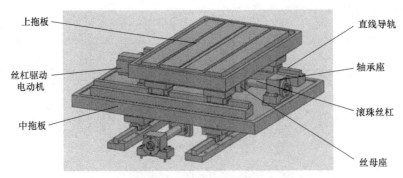

图 2-6　M735 型电火花线切割机床工作台结构

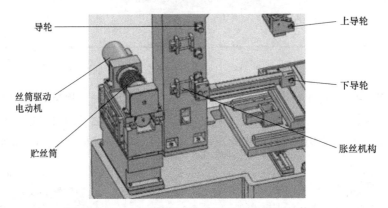

图 2-7　M735 型电火花线切割机床走丝装置结构

2. 机床的主要技术参数

M735 型电火花线切割机床的主要技术参数见表 2-2。

表 2-2　M735 型电火花线切割机床的主要技术参数

工作台尺寸/mm	730×450	标准供电电源	220V/50Hz
工作台行程/mm	420×350	最大消耗功率/kW	≤2
最大加工厚度/mm	300	最大工件重量/kg	500
最大切割锥度	±3°/80mm	机床外形尺寸/mm	1900×1200×2300
最大生产率/(mm^2/min)	≥200	机床重量/kg	2100
最佳表面粗糙度 Ra/μm	≤1.0	电极丝直径/mm	0.18、0.2

3. 工作液装置及冷却系统

在电火花线切割加工过程中，需要稳定地供给有一定绝缘性能的清洁的工作介质（工作液），以冷却电极丝和工件，排除电蚀产物等，这样才能保证火花放电持续进行。一般线切割机床的工作液系统包括工作液箱、工作液泵、流量控制阀、过滤器及过滤网等，如图 2-8 所示。

4. 机床传动系统

1）工作台传动系统。电动机与滚珠丝杠直接连接，工作台的移动量由伺服电动机确定。

2）运丝机构传动系统。电动机每转一转，（M735 型）拖板的排丝距离为

$$S_1 = 2 \times (38/108) \times (38/110)\,mm = 0.24mm$$

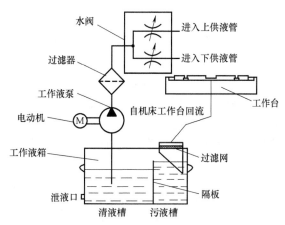

图 2-8 M735 型电火花线切割机床工作液系统

3) UV 坐标传动系统。步进电动机单个脉冲时的移动量为

$$S_2 = (1 \times 24/100)\,\mathrm{mm} \times 1.5°/360° = 0.001\,\mathrm{mm}$$

5. 机械操作系统（表 2-3）

表 2-3 M735 型电火花线切割机床的机械操作系统

编号	名称	功能
1	接近开关左右拨叉	调整贮丝筒拖板行程
2	按钮板	见机床电气系统说明
3	水阀	调节线架上下喷水嘴的工作液流量
4	工作台 U(V) 向移动旋钮(或者按电动按钮)	调整锥度头 U(V) 向位置

2.1.8 M735 型电火花线切割机床操作步骤

1. 切割加工步骤（图 2-9）

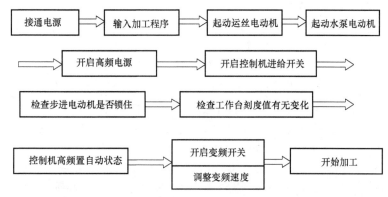

图 2-9 M735 型电火花线切割机床切割加工步骤

1) 开机：按下电源开关，接通电源。

2) 程序输入：将加工程序输入数控柜。

3) 开运丝：按下运丝开关，让电极丝空运转，检查电极丝抖动情况和松紧程度。若电极丝过松，则应充分且用力均匀地紧丝。

4）开水泵、调整喷水量：起动水泵电动机时，请先把调节阀调至关闭状态，然后逐渐开启，调节至上、下喷水柱包住电极丝，水柱射向切割区即可，水量应适中。

5）开脉冲电源选择电参数：用户应根据工件对切割效率、精度、表面粗糙度的要求，选择最佳的电参数。电极切入工件时，设置比较小的电参数，待切入后、稳定时更换电参数，使加工电流满足要求。由于钼丝在加工过程中会因损耗逐渐变细，所以在加工高精度工件时应先确认钼丝偏移量。

进入加工状态后，观察电流表在切割过程中指针是否稳定，需精心调节，切忌短路。

2. 加工结束步骤（图 2-10）

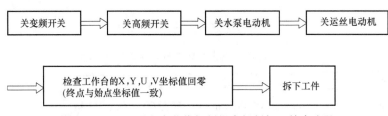

图 2-10 M735 型电火花线切割机床切割加工结束步骤

开始加工时，特别应注意：先开运丝系统，后开工作液泵，避免工作液进入导轮轴承内。停机时，应先关工作液泵，稍停片刻再停运丝系统。全部加工完成后，需及时清理工作台及夹具。

2.1.9 电火花线切割机床安全操作规程与维护

1. 线切割机床的安全操作规程

电火花线切割机床的安全操作规程应从两个方面考虑：一方面是人身安全，另一方面是设备安全。

1）操作者必须熟悉线切割机床的操作步骤，开机使用前，应对机床进行润滑。

2）操作者必须熟悉线切割加工工艺，合理地选择电规准，防止断丝和短路的情况发生。

3）上丝用的套筒手柄使用后，必须立即取下，以免伤人。

4）在穿丝、紧丝操作时，务必注意电极丝不要从导轮槽中脱出，并与导电块有良好接触。另外，在拆丝的过程中要防止电极丝将手割伤。

5）放电加工时，工作台不允许放置任何杂物，否则会影响切割精度。

6）线切割加工前，应对工件进行热处理，消除工件内部的残余应力。工件内部的应力可能造成切割过程中工件爆炸伤人，因此加工前应将防护罩装上。

7）装夹工件时，要充分考虑装夹部位和电极丝的进给位置和进给方向，确保切割路径通畅，这样可防止加工中碰撞丝架或加工超程。

8）合理配置工作液（乳化液）浓度，以提高加工效率和工件表面质量。切割工件时，应控制喷嘴流量不要过大，以确保工作液能包住电极丝为宜，并注意防止工作液飞溅。

9）切割时，要随时观察机床的运行情况，排除事故隐患。

10）机床附近不得摆放易燃或易爆物品，防止加工过程中产生的电火花引起事故。

11）禁止用湿手按开关或接触电器，也要防止工作液或其他导电物体进入电器部分，避免引起火灾。

12）定期检查电器部分的绝缘情况，特别是机床的床身应良好接地。在检修机床时，不可带电操作。

2. 线切割机床的维护保养

线切割机床维护保养的目的是保持机床能正常可靠地工作，延长其使用寿命。维护保养包括定期润滑、定期调整机件、定期更换磨损较严重的配件等。

1）定期润滑。线切割机床需要定期润滑的部位主要有机床导轨、丝杠螺母、传动齿轮、导轮轴承等。润滑油一般用油枪注入，轴承和滚珠丝杠如有保护套，可以每半年或一年拆开注油。按电火花线切割机床的润滑要求，进行贮丝筒部分和整个线切割机床运转频率最高、速度最快的部件润滑。此外，机床各部位轴承及立柱的头架在装配时已经涂覆工业用黄油，在机床修理时需更换。

2）日常保养。机床应保持清洁，飞溅出来的工作液应及时擦除。停机后，应将工作台面上的蚀除物清理干净，特别是运丝系统的导轮、导电块、排丝轮等部件，应经常用煤油清理干净，保持良好的工作状态，否则将引起电极丝振动，影响加工精度。清理时，应特别注意不要让清洁剂渗到工作液里，避免其对工作液性能产生不良影响。

3）定期更换磨损较严重的配件。线切割机床的导轮、导电块等均为易损件，磨损后应及时更换。用硬质合金制作导电块时，只需要改变位置，避免已磨损的部位。

【任务实施】

1. M735型电火花线切割机床安全操作规程的制订

通过观察机床外形及参考生产厂家相关操作说明，苏州新火花M735型电火花线切割机床安全操作规程制订如下：

1）启动电源开关，让机床空运行，观测其工作状态是否正常。
2）放电加工时，不能触及电极丝和工件，防止发生触电。
3）操作者必须熟悉线切割加工工艺，合理地选择电规准，防止发生断丝和短路。
4）装夹工件时，要充分考虑装夹部位合理、可靠，防止加工中碰撞丝架或加工超程。
5）合理配置工作液（乳化液）浓度，以提高加工效率和工件表面质量。
6）切割工件时，应控制喷嘴流量，以确保工作液能包住电极丝为宜，防止工作液飞溅。
7）切割加工过程中，操作人员要在现场，并及时处理加工状况。

2. M735型电火花线切割机床的维护保养

（1）定期维护（表2-4）

表2-4　M735型电火花线切割机床润滑明细表

序号	润滑部位		加油时间	加油方法	润滑油种类
1	工作台部件	滚珠丝杠副	每六个月一次	电动油泵	20#机油
2		直线导轨			30#机油
3	升降部件	升降丝杠副	每月一次		
4		升降导轨			
5	运丝部件	运丝丝杠副	每班一次		
6		运丝导轨			
7		齿轮			
8	导轮轴承		每三个月一次	更换	高速润滑油
9	其他轴承		每六个月一次	更换	润滑油脂

（2）日常保养

1）检查工作液是否充足、洁净，喷水嘴是否损坏。

2）清洁工作台面及防护板，清洁机床外观，打扫机床外围环境卫生。

3）用煤油清洗贮丝筒、导轮、导电块。

4）对传动轴轴承、丝杠及丝母、拖板导轨注机油润滑。

5）擦拭、整理本班使用的机床附件，归类摆放整齐。

【任务训练与考核】

1. 任务训练

图 2-11 所示为电火花线切割机床，试根据实际情况编制电火花线切割机床安全操作规程及机床维护保养方法。

图 2-11　DK7625P 电火花慢走丝线切割机床

2. 任务考核（表 2-5）

表 2-5　机床安全操作规程及机床维护保养任务考核卡

任务考核项目	考核内容	参考分值	考核结果	考核人
素质目标考核	遵守规则	5		
	课堂互动	10		
	团队合作	5		
知识目标考核	线切割加工原理	5		
	电火花线切割的分类	5		
	快走丝线切割加工的特点及范围	15		
	慢走丝线切割加工的特点及范围	15		
能力目标考核	电火花线切割机床安全操作规程	20		
	电火花线切割机床的维护保养	20		

【思考与练习】

1. 电火花线切割机床可分为哪几种？

2. 简述快走丝电火花线切割加工的特点及应用范围。

3. 简述慢走丝电火花线切割加工的特点及应用范围。

4. 电火花线切割机床安全操作规程有哪些?

任务 2　电火花线切割加工工艺分析

【任务导入】

在电火花线切割加工之前,要先进行工件的切割工艺分析并确定加工工艺,以保证工件加工质量和工件的综合技术指标,如工件的材质、工件的装夹、切割的方向等。

通过对相关教学内容的学习,并结合苏州新火花 MF735 型线切割机床,本任务需完成图 2-12 所示落料模凸模线切割加工工艺的分析及编制。

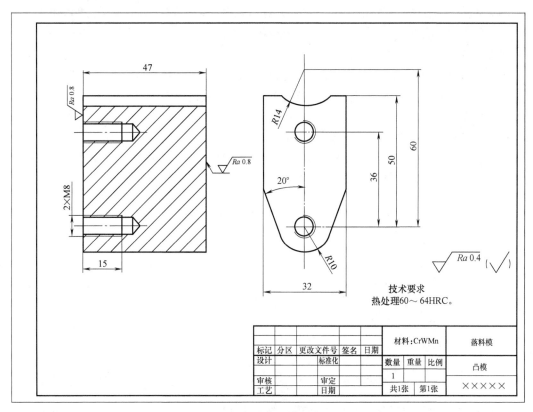

图 2-12　落料模凸模

【相关知识】

2.2.1　线切割加工工艺步骤

1. 对工件图样进行审核和分析

对于保证工件的加工质量和工件的综合技术指标,图样审核及分析是有决定意义的第一步。以冲裁模为例,在分析图样时首先要挑出不能或不宜用电火花线切割加工的工件图样,主要有如下几种。

1）表面粗糙度值要求很小和尺寸精度要求很高，并且切割后无法进行手工研磨的工件。

2）窄缝小于电极丝直径加放电间隙的工件或者图形内拐角处不允许带有电极丝半径加放电间隙所形成的圆角的工件。

3）非导电材料制成的工件。

4）厚度超过丝架跨距的工件。

5）长度超过机床 X、Y 轴方向滑板的有效行程长度，并且加工精度要求较高的工件。

在符合线切割加工工艺的条件下，应着重在表面粗糙度、尺寸精度、工件厚度、工件材料、尺寸大小和配合间隙等方面仔细考虑。

2. 加工前的工艺准备

（1）凹角和尖角的切割加工要点　在切割加工时，由于电极丝的半径 R 和加工间隙 S 的存在，使电极丝的中心运动轨迹与给定图线相差距离 f，如图 2-13 所示，即 $f=R+S$。

加工凸模类零件时，电极丝的中心轨迹应放大；加工凹模型零件时，电极丝的中心轨迹应缩小。线切割加工在工件的凹角处不能得到"清角"，而是半径等于 f 的圆弧。对于形状复杂的精密冲模，在凹、凸模设计图样上应注明拐角处的过渡圆弧 R'。

加工凹角时：$R' \geqslant R+S$；

加工尖角时：$R' \geqslant R-\Delta$（Δ 为配合间隙）。

图 2-14 所示为在加工凸、凹模类零件时电极丝中心运动轨迹与工件放电位置的关系，其中图 2-14a 所示为加工凸模类零件，图 2-14b 所示为加工凹模类零件。

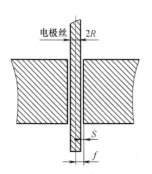

图 2-13　电极丝与工件的放电位置关系

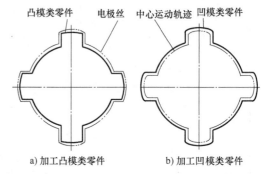

a）加工凸模类零件　　　　b）加工凹模类零件

图 2-14　电极丝中心运动轨迹与工件放电位置的关系

（2）合理选用表面粗糙度和加工精度　线切割加工表面是由无数的小坑和凸起部分组成的，粗细较均匀，在相同精细程度下，表面耐用度比机械加工的表面好。一般采用线切割加工时，工件表面粗糙度的要求比采用机械加工方法时降低 0.5～1 级。同时，线切割加工的表面粗糙度若提高一级，加工速度将大幅度地下降，因此，在图样中要合理地给定表面粗糙度要求。线切割加工所能达到的最小表面粗糙度值是有限的，若不是特殊需要，表面粗糙度值不宜太小，如表面粗糙度 Ra 值小于 $0.2\mu m$，不但在经济上不合算，而且在技术上也是不易达到的。

同样，加工精度也要合理给定。目前，快走丝电火花线切割机床的脉冲当量一般为每步 $1\mu m$，由于工作台传动精度所限，加上走丝系统和其他方面的影响，线切割加工的尺寸公差等级一般为IT6。

（3）合理选用工件材料及其热处理工艺　以线切割加工为主要工艺时，钢质工件的加工路线是：下料→锻造→退火→机械粗加工→淬火与回火→磨削加工→线切割加工→钳工修整。

这种工艺路线的特点是：工件在加工的全过程中会出现两次较大的变形。经过机械粗加工的整块坯料先经过热处理，材料在该过程中会产生第一次较大的变形，材料内部的残余应力会显著地增加。热处理后的坯料进行线切割加工时，由于大面积去除金属和切割加工，会使材料内部残余应力的相对平衡状态受到破坏，材料又会产生第二次较大的变形。

例如，对经过淬火的钢坯料进行切割时（图2-15），在点 a 到点 b 的切割过程中，发生的变形如图中双点画线所示，可看出材料内部残存着拉应力。

如果在加工中，发现割缝变窄，原来的电极丝也不能通过，说明材料内部残存着压应力。图2-16所示为切割孔类工件的变形。切割矩形孔的过程中，由于材料内有残余应力，当材料去除后，会导致矩形孔变为图2-16中双点画线所示的鼓形或虚线所示的马鞍形。

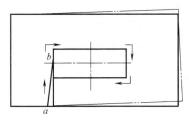

图2-15　切割加工后钢材变形

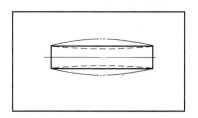

图2-16　切割孔类工件的变形

切割过程中的变形有时比机床精度等因素对加工精度的影响还严重，可使变形达到宏观可见程度，甚至在切割过程中，材料会猛烈炸开。

为了减少这些情况的发生，应选择锻造性能好、淬透性好、热处理变形小的材料，以使材料内部组织致密，减少内部应力及缺陷。如以线切割为主要工艺的冲模，要尽量选用CrWMn、Cr12MoV、Cr12、GCr15等合金工具钢，并要正确选择加工方法和严格执行热处理规范，最好进行两次回火处理，处理后的硬度以 $58\sim60$HRC 为宜。

3. 编制加工程序

（1）确定间隙补偿量（即偏移量）f　电极丝的直径及其损耗量直接影响 f 值。切割时，电极丝往返于加工区，损耗量很大。以电极丝直径为0.18mm为例，切割至断丝前，直径可减少0.02mm以上，这对工件精度影响很大，有时为了保证尺寸精度，不得不把稍有损耗的电极丝提前换掉，使用新的电极丝。

放电间隙与工件的材料、结构、走丝速度、电极丝的张紧程度、导轮的运行状态、工作液种类及清洁程度、脉冲电源的电规准及加工变频调节等情况有关。用快走丝电火花线切割机床进行加工，在开路电压 $U_i = 60\sim80$V 时，一般单边放电间隙 $S = 0.01\sim0.02$mm。

在实际工作中，要精确地确定偏移量 f 值是比较困难的。为了能准确确定 f 值，可以在每次编程前，先在确定的加工条件下试切一个正方形，再实测出放电间隙，求得准确的 f 值，以便更准确地编制加工程序。

（2）确定附加程序

1）引入程序。程序起点是在程序的某个节点上，如图2-17中的点 a。在一般情况下，引入点（图 2-17 中点 A）不能与起点重合，这就需要一段引入程序。引入点可选在材料实体之外，也可以选在材料实体之内（这时还要预制工艺孔，以便穿丝）。

2）切出程序。有时工件轮廓切出之后，电极丝还需要沿切出程序切出。如图 2-17 所示，如果材料的变形引起切口闭合，当电极丝切至边缘时，会因材料的变形而夹断电极丝。这时应在切出过程中，附加一段保护电极丝的切出程序（图 2-17 中点 A' 到点 A''）。点 A' 距材料边缘的距离应依变形力大小而定，一般取 1mm 左右即可。斜线 $A'A''$ 的斜度可取 $1/4 \sim 1/3$。

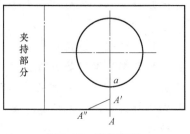

图 2-17　附加程序

3）超切程序和回退程序。因为电极丝是个柔性体，加工时受放电压力、工作液压力等的影响，使加工区间的电极丝滞后于上、下支点一个距离，电极丝工作段会发生挠曲，如图 2-18a 所示。为了避免抹去工件的清角，可增加一段超切程序，如图 2-18b 中的点 A 到点 A'。使电极丝切割的最大滞后点达到程序节点 A，然后再附加点 A' 的返回程序 $A'\text{-}A$，接着执行原程序，便可切割出清角。

当加工拐角或尖角时，为避免"塌角"，可采用图 2-19 所示的编程方法，在拐角处增加一个过切的小正方形或者小三角形作为附加程序，这样即可切出棱角清晰的尖角。

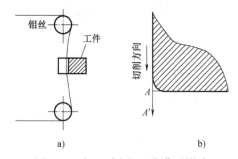

图 2-18　加工时电极丝挠曲及影响

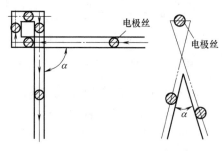

图 2-19　拐角或尖角加工

（3）确定加工间隙和过渡圆半径

1）合理确定冲模间隙。冲模间隙的合理选用，是关系模具的寿命及冲件毛刺大小的关键因素之一。不同材料的冲模间隙范围一般选择如下：

① 对于软质的冲裁件材料，如纯铜、软铝、半硬铝、胶木板、纸板、云母片等，凹、凸模间隙可按冲裁件材料厚度的 8% ~ 10% 选择。

② 对于半硬质的冲裁件材料，如黄铜、磷铜、青铜、硬铝等，凹、凸模间隙可按冲裁件材料厚度的 10% ~ 15% 选择。

③ 对于硬质的冲裁件材料，如钢片、硅钢片等，凹、凸模间隙可按冲裁件材料厚度的 15% ~ 20% 选择。

以上是线切割加工冲裁模具的实际经验数据，比国际上流行的大间隙冲模要小一些。因为线切割加工的工件表面有一层组织松脆的熔化层，加工电参数越大，工件表面粗糙度值越大，熔化层越厚。随着模具冲裁次数的增加，这层松脆的表面会渐渐磨去，使模具间隙逐渐增大。

2）合理确定过渡圆半径。为了提高冲模的使用寿命，在线与线、线与圆、圆与圆相交处，特别是小角度的拐角处，都应加过渡圆。过渡圆的大小可根据冲裁件的厚度、模具的形状、模具的寿命及冲件的技术条件考虑。随着冲裁件厚度的增加，过渡圆半径也要相应增大，一般可在 0.1~0.5mm 范围内选用。

对于冲裁件较薄、模具配合间隙较小的冲裁模具，为了得到良好的凹、凸模配合间隙，一般在图形拐角处也要加一个过渡圆。电极丝的加工轨迹在实体材料内部时，加工出半径等于电极丝半径加单面放电间隙的过渡圆。

（4）计算与编写加工程序

1）编程时，要根据坯料的情况，选择一个合理的装夹位置，同时确定一个合理的起切点（应取在图形的拐角处或者在容易将凸尖修去的部位）和切割路径（主要以防止或减少模具变形为原则，一般应考虑使靠近装夹一侧的图形最后切割为宜）作为编程的起始位置。

2）计算每段程序的坐标点，并确定电极丝的偏移量和方向，也可用 CAD 绘制加工图样并确定各点的坐标值。

3）编写加工程序。

（5）校对程序　一般应按程序空运行一遍，查看图形是否"回零"。对于简单有把握的工件，可以直接加工。对于尺寸精度要求高且凹、凸模配合间隙小的模具，可用薄料试切，从试切件上可检查其精度和配合间隙。如发现不符合要求，应及时分析，找出问题，并修改程序，直到程序合格后才能正式加工模具。这一步是避免工件报废的一个重要环节。

4. 加工

（1）调整电极丝垂直度　在装夹工件前，必须以工作台为基准，先将电极丝垂直度调整好，再根据技术要求装夹加工坯料。条件许可时，最好以刀口形直尺复测一次电极丝对已装夹工件的垂直度。如发现不垂直，说明工件装夹可能有翘起或低头，也可能工件有毛刺或电极丝没挂进导轮，须立即修正，以免因电极丝与模具加工面不垂直而影响模具质量。

（2）调整脉冲电源的电参数　脉冲电源的电参数选择是否恰当，对工件的表面粗糙度、精度及切割速度起着决定性的作用。

电参数与加工工件工艺指标的关系如下：

① 脉冲宽度增加、脉冲间隔减小、脉冲电压幅值增大（电源电压升高）、峰值电流增大；（功放管增多），都会提高切割速度，但是工件的表面粗糙度值将增大，加工精度会下降；反之，则可减小表面粗糙度值、提高加工精度。

② 随着峰值电流的增大，脉冲间隔减小、频率提高、脉冲宽度增大、电极丝损耗增大；脉冲波形前沿变陡，电极丝损耗也增大。

（3）调整进给速度　当电参数确定后，在采用第一条程序切割时，要对变频进给速度进行调整，这是保证稳定加工的必要步骤。如果加工不稳定，则工件表面质量会大大下降，工件的精度变差，同时还会造成断丝。只有电参数选择恰当，同时变频进给速度调得比较稳定，才能获得好的加工质量。

变频进给跟踪是否处于最佳状态，可用示波器监视工件和电极丝之间的电压波形。

（4）正式切割加工　经过各方面的调整准备工作后，便可以正式加工。对于模具，一般先加工固定板、卸料板，然后加工凸模，最后加工凹模。凹模加工完毕，先不要松压板取下工件，而要把凹模中的废料芯取出，把切割好的凸模试插入凹模中，检查模具间隙是否符合要求。如模具间隙过小，可再修大一些；如凹模有差错，可根据加工的坐标进行必要的修补。

5. 检验

（1）模具的尺寸精度和配合间隙

1）对于落料模，凹模尺寸应是图样零件的公称尺寸，凸模尺寸应是图样零件的公称尺寸减去冲模间隙。

2）对于冲孔模，凸模尺寸应是图样零件的公称尺寸，凹模尺寸应是图样零件的公称尺寸加上冲模间隙。

3）对于固定板，其与凸模应实现过渡配合。

4）对于卸料板，卸料板上的成形轮廓尺寸应大于或者等于凹模尺寸。

5）对于级进模，应检查步距尺寸精度。

（2）检验工具　线切割加工常用的量具有游标卡尺、千分尺和百分表。

2.2.2　不同因素对线切割编程的影响

1. 工件结构工艺性对编程的影响

（1）工件形状的影响　切割厚度不同，就相当于加工面积不同，会使加工尺寸发生变化。因此，即使其他条件不变，只要厚度不同，就应重新确定准确的偏移量 f。工件的内角不能太小，因为电极丝有直径 d，加工时还存在放电间隙 S，所以切割的内角最小半径 R_{min} 应满足

$$R_{min} \geq d/2 + S$$

如工件形状对称，部分轮廓有平移或旋转，应尽量利用这些特性来求解各有关点的坐标，可以减少数学计算工作量，提高准确性。

（2）工件精度的影响　工件尺寸有公差时，电极丝的切割轨迹应选在公差带的什么位置应根据具体情况而定。在直接加工工件时，应使电极丝的切割轨迹通过公差带中心。工件尺寸性质不同，编程尺寸也不同。有时为了延长模具寿命，加工冲模的凹、凸模时，应将切割轨迹偏离公差带中心，也要根据加工情况不同计算编程尺寸。

为了提高加工精度或改善表面质量，有时把线切割分为粗、精加工两次完成，有时还需对线切割表面用其他方法加工。这就要求在粗加工时，为精加工留有一定的加工余量，需加、减偏移量 f。

（3）工件材料的影响　在其他条件相同时，工件材料不同，极性效应也不尽相同，放电间隙也会有差别，这就会影响偏移量的大小。一般来说，熔点较低的材料，放电间隙较大；热容量小、导热性差的材料，放电间隙也较大。

材料的内部组织及应力状态对切割后工件的精度有不同的影响，因此，要确定与之对应的取件位置。在从材料中间位置切割工件时，应尽量使切割轨迹通过组织比较均匀、应力比较小的部位，这样可使切割的工件变形较小，精度较高。例如，切割 T10 钢等热处理性能较差的材料时，如果按图 2-20a 所示取件位置加工，工件取自坯料的边缘处，则变形较大；如果按图 2-20b 所示取件位置加工，工件取自里侧，则变形较小。因此，为保证精度，必须确定坯料中的取件位置。

2. 机床和夹具对编程的影响

（1）机床精度的影响　从单纯的数学角度来讲，编程中计算数值的单位可以取得很小。

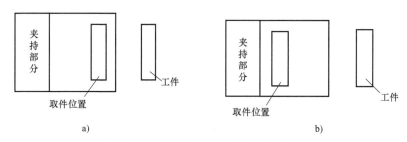

图 2-20　取件位置对工件精度的影响

但由于机床的制造误差、磨损的状况、使用条件变化等情况的影响，加工精度受到很大限制。目前，达到的加工精度一般为 0.01mm。因此在编程中所用的数字码，如 X、Y、J 等，均以微米为单位。为保证此精度，在编程计算中对 100mm 以内的尺寸必须采取五位以上的有效数字，如果尺寸大于 100mm，则要取六位以上的有效数字。

机床进给系统等的制造误差对工作台定位精度的影响很大，但在一定行程范围内，误差的大小和方向是固定的。因此可采用修改程序的办法，对此类误差加以补偿。

（2）夹具的影响　采用适当的夹具可使编程简化，也可扩大机床的加工范围。如采用固定分度夹具时，用几条程序就可以加工工件上的多个旋转图形，简化了编程工作。再如采用自动回转夹具时，变原来的直角坐标系为极坐标系，可用切斜线的程序加工出阿基米德螺旋面；还可以用适当的夹具加工出车刀的立体角、导轮的沟槽、样板的椭圆线和双曲线等，这就扩大了线切割机床的加工范围。

3. 工件在工作台上的安装位置对编程的影响

（1）适当的定位可简化编程工作　工件在工作台上的位置不同，会影响工件轮廓线的方位，进而影响各点坐标的计算过程及结果，使各段程序也不同。如图 2-21a 所示，若使 $\alpha = 0°$ 或 90°，则矩形轮廓线各线段都由切割程序中的斜线变成了直线，这样计算各点坐标就比较简单，编程也比较容易，不容易发生错误。同理，如图 2-21b 所示，$\alpha = 0°$ 或 90° 或 45° 时，也使编程过程变得简单，而 α 为其他角度时，会使编程复杂些。

（2）合理定位可充分发挥机床的效能　有时需要限制工件的定位，用改变编程的办法来满足加工要求。如图 2-22 所示，工件的最大长度为 335mm，最大宽度为 50mm，如果工作台行程为 250mm×320mm，采用图 2-22a 所示的定位方法，则在一次装夹中不能完成全部轮廓的加工；如果选用图 2-22b 所示的定位方法，可使全部轮廓落入工作台的行程范围内，虽会使编程比较复杂，但可在一次装夹中完成全部轮廓加工。

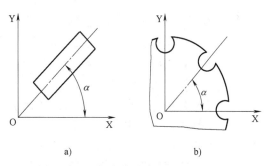

图 2-21　工件定位对编程的影响（一）

（3）合理定位可提高加工稳定性　快走丝电火花线切割加工时，各程序的加工稳定性并不相同，如在直线 L3（3B 第Ⅲ象限）的切割过程中，就容易出现加工电流不稳定、进给不均匀等现象，严重时会导致断丝。因此，在编程时，应使工件的定位尽量避开较大的 L3（3B 第Ⅲ象限）直线程序。

（4）程序的起点及走向的选择 为了避免材料内部组织及应力对加工精度的影响，除了考虑工件在坯料中的取出位置之外，还必须合理选择程序的起点和走向。如图 2-23 所示，若加工程序引入点为点 A，起点为点 a，则走向可有两种：第一种为点 A→点 a→点 b→点 c→点 d→点 e→点 f→点 A；第二种为点 A→点 f→点 e→点 d→点 c→点 b→点 a→点 A。

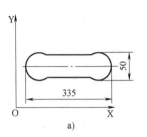

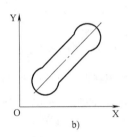

图 2-22 工件定位对编程的影响（二）

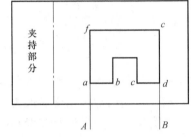

图 2-23 程序起点及走向对加工精度的影响

如果选择第二种走向，则在切割过程中，工件和已变形的部分连接，会带来较大的误差。如果选择第一种走向，则可减少或避免变形的影响。如加工程序引入点为点 B，起点为点 d，这时无论选择哪种走向，其切割精度都会受到材料变形的影响。

另外，程序的起点选择不当，会在工件的切割表面上残留切痕，尤其是起点选在圆滑表面上时，残留痕迹更为明显。因此，应尽可能把起点选在切割表面的拐角处或者选在加工精度要求不高的表面上，或者选在容易修整的表面上。

2.2.3 切割速度与工件厚度及材料的关系

1. 工件厚度对切割速度的影响

工件厚度对工作液进入和流出加工区域以及蚀除产物的排出、放电通道的消电离都有较大影响，同时放电爆炸力对电极丝抖动的抑制作用也与工件厚度密切相关，因此工件厚度对加工稳定性和切割速度必然产生相应的影响。

一般情况下，较薄的工件虽然有利于工作液的流动和蚀除产物的排出，但是放电爆炸力对电极丝的作用距离短，切缝难以起到抑制电极丝抖动的作用，这样很难获得较高的脉冲利用率和理想的切割速度，并且此时由于脉冲放电的蚀除进度可能会大于电极丝进给速度，极间不可避免地会出现大量空载脉冲而影响切割速度；反之，过厚的工件虽然在放电时切缝可使电极丝抖动减弱，但是工作液流动条件和排屑条件恶化，也难以获得理想的切割速度，并且容易断丝。因此，只有在工件厚度适中时才易获得理想的切割速度。理想的切割速度还与使用的工作液的洗涤性有很大的关系。如图 2-24 所示，采用 DX 乳化液时，最佳切割厚度一般为 50mm 左右；当使用洗涤、冷却性能更好的 JR1A 复合工作液后，不仅切割效率有大幅度提升，而且最佳切割厚度也增加到 150mm 左右。

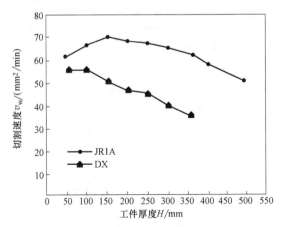

图 2-24 切割速度与工件厚度及材料的关系

2. 工件材料对切割速度的影响

对于电火花加工而言，材料的可加工性主要取决于材料的导电性及其热学特性，因此对于具有不同热学特性的工件材料而言，其切割速度也明显不同。一般来说，熔点较高、导电性较差的材料（如硬质合金、石墨等），以及热导率较高的材料（如纯铜等）比较难加工；而铝合金由于熔点较低，其切割速度比较高，但铝合金电火花线切割时会形成不导电的 Al_2O_3 混于工作液中，从而影响极间导电性能，并导致加工异常，甚至会损坏走丝系统。切割过铝合金的工作液及钼丝，再切割钢材时加工稳定性大大降低，切割效率会降低 30% 以上，一般称这种现象为"铝中毒"。因此，工作液与电极丝需更换。表 2-6 列出了在相同加工条件下，不同材料的电火花线切割速度。

表 2-6 不同材料的电火花线切割速度

工件材料	铝	模具钢	钢	石墨	硬质合金	纯铜
切割速度 $v_w/(mm^2/min)$	170	90	80	15	30	40

2.2.4 工件装夹的一般要求及常用装夹方法

工件装夹的形式对加工精度有直接影响。电火花线切割加工机床的夹具一般是在通用夹具上采用压板螺钉固定工件的，为了适应各种形状工件的加工，还可选用磁性夹具、旋转夹具或专用夹具等。

1. 工件装夹的一般要求

1）工件的基准面应清洁、无毛刺；经热处理的工件，在穿丝孔内及扩孔的台阶处要清除热处理残留物及氧化皮。

2）夹具应具有必要的精度，将其稳固在工作台上，拧紧螺钉时用力要均匀。

3）工件装夹的位置应有利于工件找正，并应与机床行程相适应。工作台移动时，工件不得与线架相碰。

4）对工件的夹紧力要均匀，不得使工件变形或翘起。

5）大批工件加工时，最好采用专用夹具，以提高生产率。

6）细小、精密、薄壁工件应固定在不易变形的辅助夹具上。

2. 工件支承装夹的方法

（1）悬臂支承方式 如图 2-25 所示，悬臂支承通用性强，装夹方便。但由于工件为单端压紧，另一端悬空，使得工件不易与工作台平行，易出现上仰或倾斜的情况，致使切割表面与工件上、下平面不垂直或达不到预定的精度。因此，只有在工件的技术要求不高或悬臂部分较小的情况下才能采用。

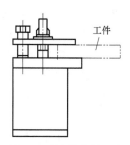

图 2-25 悬臂支承方式

（2）两端支承方式 如图 2-26 所示，两端支承是把工件两端都固定在夹具上，这种方法装夹支承稳定，平面定位精度高，工件底面与切割面垂直度好，但对较小的工件不适用。

（3）桥式支承方式 如图 2-27 所示，桥式支承是在双端夹具体上垫上两个支承垫铁。其特点是通用性强、装夹方便，对大、中、小型工件的装夹都比较方便。

（4）板式支承方式 如图 2-28 所示，板式支承夹具可以根据经常加工工件的尺寸而定，其孔的形状可呈矩形或圆形，并可增加 X、Y 两个方向的定位基准，装夹精度较高，适于常规生产和批量生产。

（5）复式支承方式　如图 2-29 所示，复式支承是在桥式夹具上再安装专用夹具组合而成的。它安装夹方便，特别适用于批量工件的加工，既可节省工件找正和调整电极丝相对位置等辅助工时，又可保证工件加工的一致性。

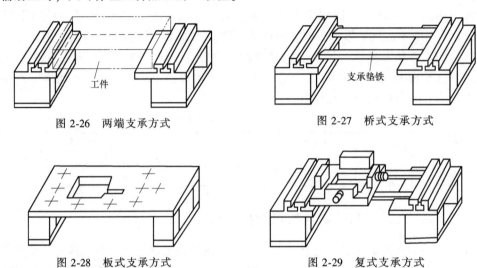

图 2-26　两端支承方式　　　　　　　图 2-27　桥式支承方式

图 2-28　板式支承方式　　　　　　　图 2-29　复式支承方式

3. 常用夹具的名称、规格和用途

（1）压板夹具　压板夹具主要用于固定平板状的工件，对于稍大的工件要成对使用。夹具上如有定位基准面，则加工前应预先用划针或百分表将夹具定位基准面与工作台对应的导轨找正平行，这样在加工批量工件时较方便，因为切割型腔的划线一般是以模板的某一面为基准的。夹具的基准面与夹具底面的距离是有要求的，夹具成对使用时，两件夹具基准面的高度一定要相等，否则切割出的型腔会与工件端面不垂直，造成废品。如果在夹具上加工出 V 形的基准，则可用以夹持轴类工件。

（2）磁性夹具　采用磁性工作台或磁性表座夹持工件时，不需要压板和螺钉，故而操作快速方便，且定位后不会因压紧而变动，如图 2-30 所示。

要注意保护上述两类夹具的基准面，避免工件将其划伤或拉毛。压板夹具应定期修磨基准面，保持两件夹具的基准面等高。夹具的绝缘性也应经常检查和测试，因有时绝缘体受损会造成绝缘电阻减小，影响正常的切割。

（3）分度夹具　如图 2-31 所示，分度夹具是根据加工电动机转子、定子等多型孔的旋

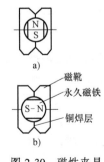

图 2-30　磁性夹具

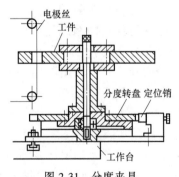

图 2-31　分度夹具

转形工件设计的，可保证较高的分度精度。近年来，因计算机控制器及自动编程机对加工图形具有对称、旋转等功能，故分度夹具用得较少。

【任务实施】

1. 分析零件工艺性能

该零件是落料模凸模。落料模凸模的尺寸根据凹模配作，模具配合间隙在凸模上缩放，图 2-12 所示凸模尺寸已根据凹模缩放，故凸模的间隙补偿量为 $f = R + S = 0.12\text{mm}/2 + 0.01\text{mm} = 0.07\text{mm}$，即要求间隙补偿中的补偿量为 0.07mm。

2. 选用毛坯或明确来料状况

要求选用材料为 CrWMn、尺寸为 95mm×45mm×48mm 的坯料。首先对坯料进行淬火与回火等热处理，使其达到硬度要求，然后采用封闭切割加工，使其达到尺寸要求。切割前，采用平面磨削使上、下平面间的尺寸达到 47.5mm，留 0.5mm 的修磨量；还应将毛坯进行退磁处理，并除去毛刺和杂物。

3. 选用机床

苏州新火花 MF735 型电火花线切割机床。

4. 确定装夹方案

采用两端支承方式装夹。

5. 确定加工方案及加工顺序

以点 O 为坐标原点建立坐标系，点 O 为封闭切割穿丝孔，如图 2-32 所示，按点 O→点 A→点 B→点 C→点 D→点 E→点 F→点 G→点 H→点 A→点 O 的顺序加工。

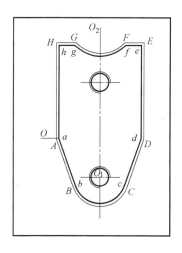

图 2-32　落料模凸模刃口轮廓图

【任务训练与考核】

1. 任务训练

结合苏州新火花 MF735 型电火花线切割机床，对图 2-33 所示落料模凸模进行线切割加工工艺的分析及编制。

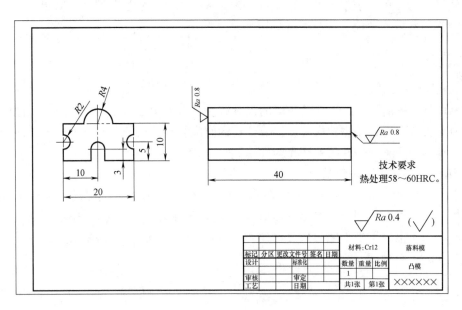

图 2-33 落料模凸模（线切割加工训练）

2. 任务考核（表 2-7）

表 2-7 电火花线切割加工工艺分析任务考核卡

任务考核项目	考核内容	参考分值	考核结果	考核人
素质目标考核	遵守规则	5		
	课堂互动	10		
	团队合作	5		
知识目标考核	线切割加工工艺步骤	10		
	工件结构工艺性对线切割编程的影响	10		
	切割速度与工件的厚度、材料的关系	15		
	工件装夹的一般要求及常用装夹方法	15		
能力目标考核	线切割加工工艺分析	15		
	线切割加工工艺编制	15		

【思考与练习】

1. 电火花线切割加工工艺步骤是什么？

2. 工件结构工艺性对线切割编程的影响有哪些？

3. 机床和夹具对线切割编程的影响有哪些？

4. 工件的安装位置对线切割编程的影响有哪些？

5. 切割速度与工件的厚度、材料有什么关系？

6. 工件装夹的一般要求及常用装夹方法是什么？

任务3　凸模类零件电火花线切割编程加工

【任务导入】

3B 代码编程格式是数控电火花线切割机床上最常用的程序格式。在该程序格式编程中，通过工件切割轮廓各拐角处坐标点进行编制。

通过对 3B 代码编程教学内容的学习，并结合苏州新火花 MF735 型电火花线切割机床，本任务需完成图 2-12 所示落料模凸模线切割加工程序编制。

【相关知识】

2.3.1　3B 程序格式

3B 格式的程序没有间隙补偿功能，其程序格式见表 2-8。表中的 B 为分隔符号，它在程序中起着把 X、Y 和 J 数值分隔开的作用。当将程序输入控制器时，读入第一个 B 后的数值表示 X 坐标值，读入第二个 B 后的数值表示 Y 坐标值，读入第三个 B 后的数值表示计数长度 J 的值。

表 2-8　3B 程序格式

B X	B Y	B J	G	Z
X 坐标值	Y 坐标值	计数长度	计数方向	加工指令

加工圆弧时，程序中的 X、Y 必须是圆弧起点相对圆心的坐标值。加工斜线时，程序中的 X、Y 必须是该斜线段终点相对其起点的坐标值，斜线段程序中的 X、Y 值允许同时缩小相同的倍数，只要其比值保持不变即可，因为 X、Y 值只用来确定斜线的斜率，但 J 值不能缩小。对于与坐标轴重合的线段，在其程序中的 X 或 Y 值可不必写或全写为零。X、Y 坐标值只取其数值，不管正负。X、Y 坐标值都以 μm 为单位，1μm 以下的按四舍五入计。

2.3.2　计数方向 G 和计数长度 J

1. 计数方向 G 及其选择

为保证所要加工的圆弧或线段长度满足要求，线切割机床是通过控制从起点到终点某坐标轴进给的总长度来达到的。因此在计算机中设立了一个计数器 J 进行计数，即将加工该线段的某坐标轴进给总长度 J 数值预先置入 J 计数器中。加工时，当被确定为计数长度的坐标每进给一步，J 计数器就减 1，当 J 计数器减到零时，表示该圆弧或直线段已加工到终点。接下来该加工另一段圆弧或直线了。

加工斜线段时，必须用进给距离比较大的方向作为进给长度控制方向。若线段的终点为点 A (X, Y)，当 $|Y| > |X|$ 时，计数方向取 GY；当 $|Y| < |X|$ 时，计数方向取 GX。确定计数方向时，可以 45°线作为分界线，当斜线在阴影区内时，取 GY；反之取 GX。若斜线在 45°线上时，可任意选取 GX 或 GY，如图 2-34 所示。

加工圆弧时，计数方向的选取应视圆弧终点的情况而定。从理论上来分析，当加工圆弧

达到终点时，走最后一步的是哪个坐标，就应选该坐标作为计数方向，这很麻烦，因此以 45°线为界，若圆弧坐标终点为点 B $(X，Y)$，当 $|X| < |Y|$ 时，即终点在阴影区内，计数方向取 GX；当 $|X| > |Y|$ 时，计数方向取 GY；当终点在 45°线上时，计数方向可任意取 GX 或 GY，如图 2-35 所示。

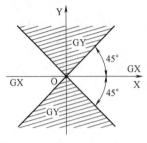

图 2-34　斜线段计数方向选择

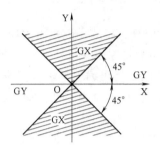

图 2-35　圆弧计数方向选择

2. 计数长度 J 的确定

当计数方向确定后，计数长度 J 应取计数方向从起点到终点移动的总距离，即圆弧或直线段在计数方向坐标轴上投影长度的总和。对于斜线，如图 2-36a 所示，取 $J=Xe$，如图 2-36b 所示，取 $J=Ye$ 即可。

对于圆弧，它可能跨越几个象限，如图 2-37 所示的圆弧都是从点 A 加工到点 B。

在图 2-37a 中，计数方向为 GX，$J=JX1+JX2$。

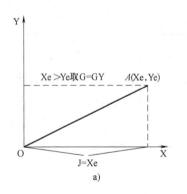

a)

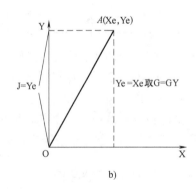

b)

图 2-36　直线段计数长度 J 的确定

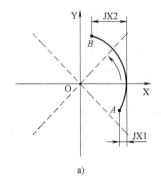

a)

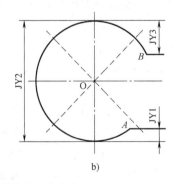

b)

图 2-37　圆弧计数长度 J 的确定

在图 2-37b 中，计数方向为 GY，J = JY1+JY2+JY3。

2.3.3　加工指令 Z

加工指令 Z 是用来确定轨迹的形状，起点、终点所在坐标象限和加工方向的，它包括直线插补指令（L）和圆弧插补指令（R）两类。

直线插补指令（L1、L2、L3、L4）表示加工的直线终点分别在坐标系的第一、第二、第三、第四象限。如果加工的直线与坐标轴重合，根据进给方向来确定指令（L1、L2、L3、L4），如图 2-38a、b 所示。

需要注意的是，坐标系的原点是直线的起点。

圆弧插补指令（R）根据加工方向又可分为顺圆弧插补（SR1、SR2、SR3、SR4）和逆圆弧插补（NSR1、NSR2、NSR3、NSR4）。字母后面的数字表示该圆弧的起点所在象限，SR1 表示顺圆弧插补，其起点在第一象限，如图 2-38c 所示，NSR1 表示逆圆弧插补，其起点在第一象限，如图 2-38d 所示。

需要注意的是，坐标系的原点是圆弧的圆心。

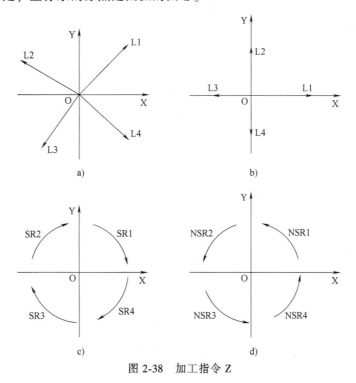

图 2-38　加工指令 Z

2.3.4　程序的输入方式

将编制的线切割加工程序输入机床有以下方式：

（1）键盘输入　这种方法直观，但较费时，并且容易出现输入错误，适合简单程序的输入。

（2）由通信接口直接传输到线切割控制器　这种方法应用更方便，并且不容易出现输入错误，是最理想的输入方式。

2.3.5 程序检验方法

编制的线切割加工程序，一般都要经过检验才能用于正式加工，特别是用手工编制的线切割加工程序，计算十分烦琐，难免会出现问题。数控系统大都提供程序检验的方法。

（1）画图检验（反读程序）　该方法是将编制的线切割加工程序反读，检查程序是否存在语法错误，由程序得出图形是否正确。

（2）轨迹仿真　该方法是将编制的线切割加工程序反读，检查程序是否正确，它比画图检验更快、更形象、更逼真。

（3）空走　该方法是在电极丝没有加电的情况下运行加工程序，总体检验实际加工情况，检查加工中是否存在干涉和碰撞。

（4）试切割　该方法是用薄钢板等廉价材料代替工件实际材料，在机床上用通过测试的线切割加工程序加工，从而检验加工程序的正确性和工件尺寸的准确性。

2.3.6 穿丝孔的加工

（1）穿丝孔的作用　通常情况下，凹模图形是封闭的，因此工件在切割前必须加工出穿丝孔，以保证工件的完整性。对于凸模类工件，虽然可以不需要穿丝孔，直接从工件外缘切入，但在切断坯料时，会破坏材料内部应力的平衡状态，造成材料的变形，影响加工精度，严重时甚至造成断丝，使切割无法进行。当采用穿丝孔时，可以使工件坯料保持完整，从而减小形变造成的误差。

（2）穿丝孔的位置和直径　在切割凹模类工件时，穿丝孔最好设在凹模的中心位置。这既能准确确定穿丝孔的加工位置，又便于计算轨迹的坐标，但是采用这种方法切割的无用行程较长，因此只适合中、小尺寸的凹模类工件的加工。切割大尺寸凹模类工件时，穿丝孔可设在起切点附近，并且再沿加工轨迹多设置几个，以便在断丝后就近穿丝，减少进刀行程。在切割凸模类工件时，穿丝孔应设在加工轮廓轨迹的拐角附近，这样可以减少穿丝孔对模具表面的影响。同理，穿丝孔的位置最好选在已知坐标点或者便于运算的坐标点上，以简化有关轨迹的运算，如图 2-39 所示。穿丝孔的直径不宜太大或者太小，以钻或镗孔工艺方便为宜，一般直径为 1~8mm，孔径选取整数较好。

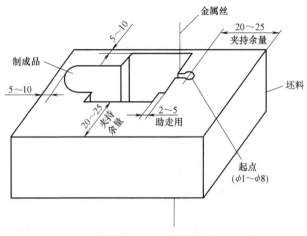

图 2-39　穿丝孔的位置

（3）穿丝孔的加工方法　由于许多穿丝孔要作为加工基准，穿丝孔的位置精度和尺寸精度要等于或者高于工件的精度。因此要求在具有较精密坐标工作台的机床上进行钻铰、钻镗等较精密加工。当穿丝孔精度要求不高时，只需进行一般加工。

【任务实施】

1. 凸模刃口轮廓节点坐标值

用 CAD 绘图，以点 O 为坐标原点建立坐标系，点 O 为封闭切割穿丝孔，如图 2-32 所示，然后用 CAD 查询（或计算）凸模刃口轮廓节点和圆心的坐标值（表 2-9）。

穿丝孔设在点 O，按点 O→点 A→点 B→点 C→点 D→点 E→点 F→点 G→点 H→点 A→点 O 的顺序加工。

表 2-9　落料模凸模刃口轮廓节点和圆心坐标值

节点和圆心	X	Y	节点和圆心	X	Y
O	0	0	F 相对 E	6301	0
A 相对 O	4930	10	F 相对 O_2	9769	9930
B 相对 A	6607	18153	H 相对 G	6301	0
B 相对 O_1	9463	3444	A 相对 H	0	35361
D 相对 C	6607	18153	O 相对 A	4930	10
E 相对 D	0	35361			

注：点 A、B、C、D、E、F、G、H 是电极丝切割轮廓的轨迹点，点 O_1、点 O_2 分别为两圆弧的圆心点，点 O 为切割起始点。

2. 凸模零件的线切割加工程序（表 2-10）

表 2-10　落料模凸模刃口轮廓电火花线切割加工程序（3B 格式）

主程序	注释
O0003	程序名
N1：B4930　B10　　B4930　GX　L4；	直线切割从点 O 至点 A
N2：B6607　B18153　B18153　GY　L4；	斜线切割从点 A 至点 B
N3：B9463　B3444　B13252　GY　NR3；	逆圆弧切割从点 B 至点 C
N4：B6607　B18153　B18153　GY　L1；	斜线切割从点 C 至点 D
N5：B0　　　B35361　B35361　GY　L2；	直线切割从点 D 至点 E
N6：B6301　B0　　　B6301　GX　L3；	直线切割从点 E 至点 F
N7：B9769　B9930　B19539　GX　SR4；	顺圆弧切割从点 F 至点 G
N8：B6301　B0　　　B6301　GX　L3；	直线切割从点 G 至点 H
N9：B0　　　B35361　B35361　GY　L4；	直线切割从点 H 至点 A
N10：B4930　B10　　B4930　GX　L2；	直线切割从点 A 至点 O
N11：DD	程序结束

【任务训练与考核】

1. 任务训练

对图 2-33 所示落料模凸模进行线切割加工程序的编写。

2. 任务考核（表 2-11）

表 2-11 凸模类零件电火花线切割加工编程任务考核卡

任务考核项目	考核内容	参考分值	考核结果	考核人
素质目标考核	遵守规则	5		
	课堂互动	10		
	团队合作	5		
知识目标考核	3B 程序格式	5		
	计数方向 G 和计数长度 J	5		
	直线插补	15		
	圆弧插补	15		
能力目标考核	型芯电火花线切割 3B 程序编写	20		
	凸模电火花线切割 3B 程序编写	20		

【思考与练习】

1. 电火花线切割加工中 3B 程序的格式是什么？

2. 电火花线切割加工中检验程序的常用方法是什么？

3. 电火花线切割加工凸模时，穿丝孔位的确定应注意哪些问题？

4. 电火花线切割加工凸模时，切割路线的选择应注意哪些问题？

5. 图 2-40 所示为落料模凸模，取电极丝直径为 0.12mm，单边放电间隙为 0.01mm。试编写线切割加工凸模的程序（采用 3B 格式）。

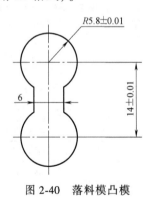

图 2-40 落料模凸模

任务 4 凹模类零件电火花线切割编程加工

【任务导入】

除 3B 代码编程格式，ISO 代码编程格式也是数控电火花线切割机床上常用的程序格式之一。在该程序格式编程中，通过工件切割轮廓各拐角处坐标点进行编制。

通过对 ISO 代码编程教学内容的学习，并结合苏州新火花 MF735 型电火花线切割机床，本任务需完成图 2-41 所示落料模凹模线切割加工程序的编制。

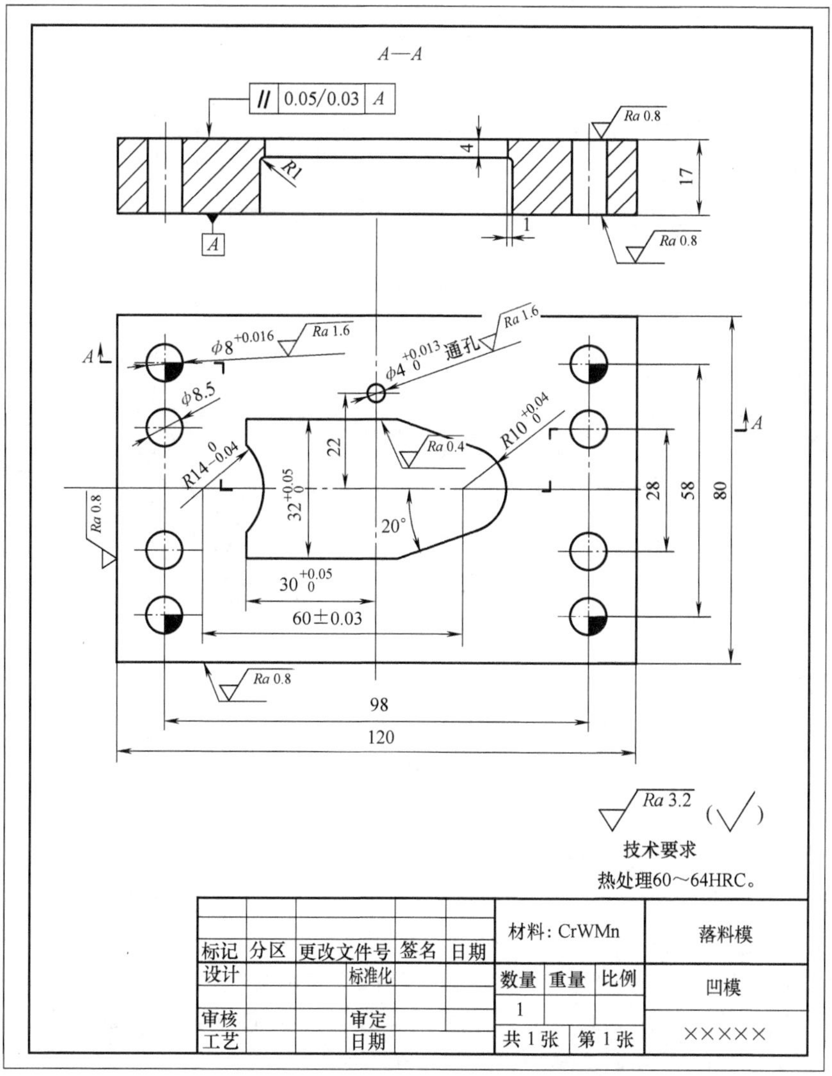

图 2-41 落料模凹模线切割加工程序的编制

【相关知识】

2.4.1 ISO 指令格式

1. G00 快速点定位指令

线切割机床在没有脉冲放电的情况下，以点定位控制方式快速移动到指定位置。它只是确定点的位置，而无运动轨迹要求且不能加工工件。

格式：G00X __ Y __；

如图 2-42 所示。从起点 A 快速移动到指定点 B，其程序为

G00 X45000 Y75000；

2. G01 直线插补指令

直线插补指令是直线运动指令，是最基本的一种插补指令，可使机床加工任意斜率的直线轮廓或用直线逼近的曲线轮廓。线切割机床一般有 X、Y、U、V 四轴联动功能，即四坐标。

格式：G01 X____ Y____ U____ V____；

如图 2-43 所示，从起点 A 直线插补移动到指定点 B，其程序为

G01 X16000 Y20000；

U、V 坐标轴在加工锥度时使用。注意 G00 和 G01 的区别。

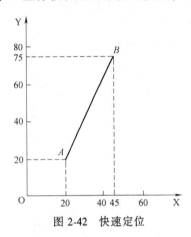

图 2-42　快速定位

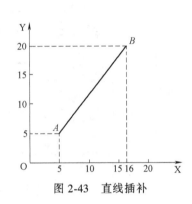

图 2-43　直线插补

3. G02、G03 圆弧插补指令

G02 为顺时针方向圆弧插补加工指令；G03 为逆时针方向圆弧插补加工指令。

格式：G02 X____ Y____ I____ J____；G03X____ Y____ I____ J____；

式中，X、Y 为圆弧终点坐标；I、J 为圆心相对圆弧起点的增量值，I 是 X 方向增量值，J 是 Y 方向增量值，其值不得省略。与正方向相同，取正值；反之，取负值。如图 2-44 所示，从起点 A 加工到指定点 B，再从点 B 加工到指定点 C，其程序为

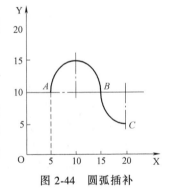

图 2-44　圆弧插补

⋮

G02 X15 Y10 I5 J0；

G03 X20 Y5 I5 J0；

⋮

4. G92 定起点指令

定起点指令用于指定电极丝当前位置在编程坐标系中的坐标值，一般情况将此坐标作为加工程序的起点。

格式：G92 __ X __ Y __；

5. G05~G12 镜像、交换加工指令

模具零件上的图形有些是对称的，虽然也可以用前面介绍的基本指令编程，但很烦琐，不如用镜像、交换加工指令编程方便。镜像、交换加工指令单独成为一个程序段，在该程序段以下的程序段中，X、Y 方向坐标按照指定的关系式发生变化，直到出现取消镜像加工指令为止。

G05 为 X 轴镜像，关系式为 X = -X，如图 2-45 中的 *AB* 段曲线与 *CB* 段曲线。

G06 为 Y 轴镜像，关系式为 Y = -Y，如图 2-45 中的 *AB* 段曲线与 *AD* 段曲线。

G08 为 X 轴镜像，Y 轴镜像，关系式为 X = -X，Y = -Y，即 G08 = G05+G06，如图 2-45 中的 AB 段曲线与 CD 段曲线。

G07 为 X、Y 轴交换，关系式为 X = Y，Y = X，如图 2-46 所示。

G09 为 X 轴镜像，X、Y 轴交换，即 G09 = G05+G07。

G10 为 Y 轴镜像，X、Y 轴交换，即 G10 = G06+G07。

G11 为 X 轴镜像，Y 轴镜像，X、Y 轴交换，即 G11 = G05+G06+G07。

G12 为取消镜像，每个程序镜像后都要加上此指令。取消镜像后程序段的含义就与原程序相同了。

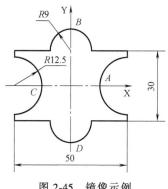

图 2-45　镜像示例

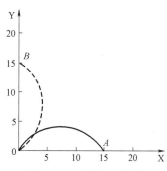

图 2-46　交换加工示例

6. G41、G42、G40 间隙补偿指令

如果没有间隙补偿功能，只能按电极丝中心点的运动轨迹尺寸编制加工程序，这就要求先根据工件轮廓尺寸及电极丝直径和放电间隙计算出电极丝中心的轨迹尺寸，因此计算量大、复杂，并且加工凸模、凹模、卸料板时需重新计算电极丝中心点的轨迹尺寸，重新编制加工程序。采用间隙补偿指令后，凸模、凹模、卸料板、固定板等成套模具零件只需按工件尺寸编制一个加工程序，就可以完成加工，并且按工件尺寸编制加工程序，计算简单，对手工编程具有特别意义。

G41 为左偏间隙补偿，沿着电极丝前进的方向看，电极丝在工件的左边。

格式：G41 D____；

G42 为右偏间隙补偿，沿着电极丝前进的方向看，电极丝在工件的右边。

格式：G42 D____；

G40 为取消间隙补偿指令。

格式：G40；

说明：

1）左偏间隙补偿（G41）、右偏间隙补偿（G42）的确定必须沿着电极丝前进的方向看，如图 2-47 所示。

2）左偏间隙补偿（G41）、右偏间隙补偿（G42）程序段必须在进刀程序段之前。

3）D 为电极丝半径与放电间隙之和，单位为 μm。

4）取消间隙补偿（G40）指令必须在退刀程序段之前。

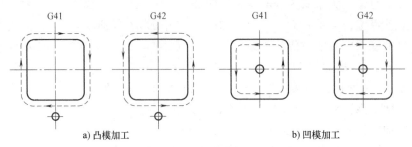

a) 凸模加工   b) 凹模加工

图 2-47   G41、G42 的应用

7. G50、G51、G52 锥度加工指令

G51 为锥度左偏，沿着电极丝前进的方向看，电极丝上段在底平面加工轨迹的左边。

格式：G51 A____；

G52 为锥度右偏，沿着电极丝前进的方向看，电极丝上段在底平面加工轨迹的右边。

格式：G52 A____；

G50 为取消锥度加工指令。

格式：G50；

说明：

1）锥度左偏（G51）、锥度右偏（G52）程序段都必须放进刀程序段之前。

2）A 为工件的锥度，用角度表示。

3）取消锥度加工指令（G50）必须在退刀程序段之前。

4）下导轮中心到工作台面的高度（W）、工件的厚度（H）、工作台面到上导轮中心的高度（S）需在使用 G51、G52 之前输入。

8. G80、G82、G84 手工操作指令

G80 为接触感知指令，使电极丝从现在的位置移动到接触工件，然后停止。

G82 为半程移动指令，使加工位置沿指定坐标轴返回一半的距离，即当前坐标系坐标值的一半。

G84 为微弱放电找正指令，通过微弱放电找正电极丝与工作台面垂直，在加工前一般要先进行找正。

2.4.2   数控线切割常用的 ISO 指令代码（表 2-12）

表 2-12   数控线切割常用 ISO 指令代码

代码	功能	代码	功能
G00	快速点定位	G08	X 轴镜像,Y 轴镜像
G01	直线插补	G09	X 轴镜像,X、Y 轴交换
G02	顺时针方向圆弧插补	G54	加工坐标系 1
G03	逆时针方向圆弧插补	G55	加工坐标系 2
G05	X 轴镜像	G56	加工坐标系 3
G06	Y 轴镜像	G57	加工坐标系 4
G07	X、Y 轴交换	G58	加工坐标系 5

（续）

代码	功能	代码	功能
G59	加工坐标系6	G51	锥度左偏,A为角度值
G80	接触感知	G52	锥度右偏,A为角度值
G82	半程移动	G91	相对坐标
G84	微弱放电找正	G92	定起点
G90	绝对坐标	M00	程序暂停
G10	Y轴镜像,X、Y轴交换	M02	程序结束
G11	Y轴镜像,X轴镜像,X、Y轴交换	M05	接触感知解除
G12	取消镜像	M96	主程序调用文件程序
G40	取消间隙补偿	M97	主程序调用文件结束
G41	左偏间隙补偿,D为偏移量	W	下导轮中心到工作台面的高度
G42	右偏间隙补偿,D为偏移量	S	工作台面到上导轮中心的高度
G50	取消锥度	H	工件厚度

【任务实施】

1. 确定加工方案及加工顺序

用CAD绘图，以点O为坐标原点建立坐标系，如图2-48所示，然后用CAD查询（或计算）凹模刃口轮廓节点和圆心的坐标值，列于表2-13中待用。

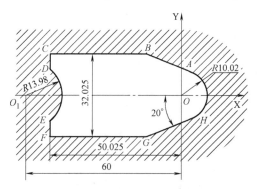

图2-48 落料模凹模刃口轮廓图

表2-13 落料模凹模刃口轮廓节点和圆心坐标值

节点和圆心	X	Y	节点和圆心	X	Y
O	0	0	D	−50.025	9.7949
O₁	−60	0	E	−50.025	−9.7949
A	3.4270	9.4157	F	−50.025	−16.0125
B	−14.6976	16.0125	G	−14.6976	−16.0125
C	−50.025	16.0125	H	3.4270	−9.4157

穿丝孔设在点O，按点O→点A→点B→点C→点D→点E→点F→点G→点H→点A→点O的顺序加工。

131

2. 凹模零件的线切割加工程序（表 2-14）

表 2-14 落料模凹模刃口轮廓电火花线切割加工程序（ISO 格式）

主程序	注　释
O0003	程序名
N010 G90 G92 X0 Y0；	采用绝对坐标，起点坐标为 X=0，Y=0，即点 O
N020 G41 D70；	左偏间隙补偿，偏移量为 0.07mm
N030 G01 X3427 Y9416；	直线切割从点 O 至点 A
N040 G01 X-14698 Y16013；	斜线切割从点 A 至点 B
N050 G01 X-50025 Y16013；	直线切割从点 B 至点 C
N060 G01 X-50025 Y9795；	直线切割从点 C 至点 D
N070 G02 X-50025 Y-9795 I-9975 J-9795；	顺圆弧切割从点 D 至点 E
N080 G01 X-50025 Y-16013；	直线切割从点 E 至点 F
N090 G01 X-14698 Y-16013；	直线切割从点 F 至点 G
N100 G01 X3427 Y-9416；	斜线切割从点 G 至点 H
N110 G03 X3427 Y9416 I-3427 J9416；	逆圆弧切割从点 H 至点 A
N120 G40；	取消间隙补偿
N130 G01 X0 Y0；	回到起点（X=0，Y=0），即点 O
N140 M02；	程序结束

【任务训练与考核】

1. 任务训练

对图 2-49 所示落料模凹模进行线切割加工程序的编写。

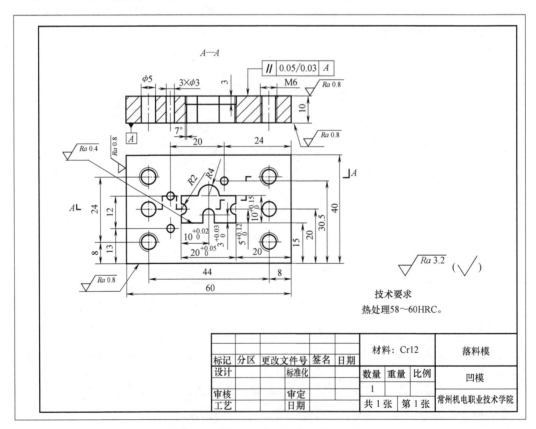

图 2-49　落料模凹模（线切割加工训练）

2. 任务考核（表2-15）

表2-15　凹模类零件电火花线切割加工编程任务考核卡

任务考核项目	考核内容	参考分值	考核结果	考核人
素质目标考核	遵守规则	5		
	课堂互动	10		
	团队合作	5		
知识目标考核	ISO 程序格式	5		
	左、右偏间隙补偿	5		
	直线插补	15		
	圆弧插补	15		
能力目标考核	型芯孔电火花线切割 ISO 程序编写	20		
	凹模电火花线切割 ISO 程序编写	20		

【思考与练习】

1. 在 ISO 编程代码中，左偏、右偏如何判别？
2. 电火花加工脉冲参数主要包括哪些？各参数对加工的影响是什么？
3. 电火花线切割凹模时，穿丝孔位的确定应注意哪些问题？
4. 电火花线切割凹模时，切割路线的选择应注意哪些问题？
5. 图 2-50 所示为落料模凸凹模，取电极丝直径为 0.12mm，单边放电间隙为 0.01mm。试编写线切割加工凸凹模的程序（采用 ISO 格式）。

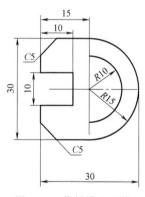

图 2-50　落料模凸凹模

任务5　NSC-WireCut 软件自动编程

【任务导入】

采用手工编程进行线切割加工，在编程方面工作量比较大，编程效率不高，同时也比较容易出现编程人员疏忽造成的程序失误现象。为了提高编程效率和程序的准确性，目前主要借助软件实现自动编程。自动编程软件种类较多，但各软件总体的自动编程思路是一致的，先进行 CAD 图形绘制，然后进行穿丝点、切入点、切割方向等设定，最后生成指定程序。

通过对 NSC-WireCut 自动编程教学内容的学习，并结合苏州新火花 MF735 型电火花线切割机床，本任务需完成图 2-51 所示图形程序编制及线切割加工。

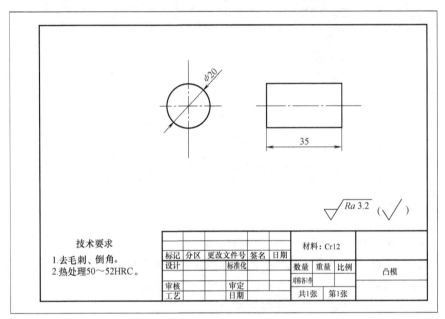

图 2-51 冲孔模凸模

【相关知识】

2.5.1 NSC-WireCut 软件绘图界面

进入 WireCut 系统控制主界面后，单击【绘图】按钮，进入 CAD-CAM 绘图系统。CAD-CAM 绘图系统的界面如图 2-52 所示，主要由标题栏、菜单栏、工具栏、状态栏、图形绘制显示区组成。

1. 标题栏

软件绘图界面最上端是标题栏，标题栏用于显示软件名称和所加载的图形文件名，如图 2-53 所示。

2. 菜单栏

标题栏下面是菜单栏，菜单栏包含了多个平时隐藏起来的下拉菜单，如图 2-54 所示。

每个下拉菜单由多个命令组成；每个命令对应某个程序设定的功能、动作或者程序状态。通过选择某个指定的命令就可以执行对应的功能或者动作，也可以改变状态设定。选择命令既可以通过鼠标完成，也可以通过键盘完成。

（1）鼠标操作 首先鼠标左键单击菜单栏上的主菜单，下拉菜单弹出后，用鼠标左键单击所选的命令。

（2）键盘操作 即同时按 <Alt> 键和所选主菜单的热键字母（带下划线的字母，如

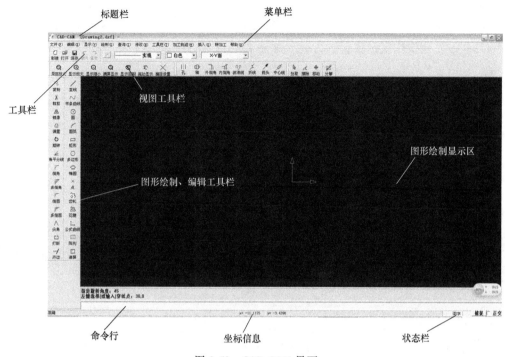

图 2-52 CAD-CAM 界面

图 2-53 标题栏

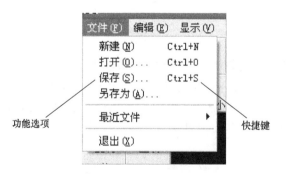

图 2-54 菜单栏及下拉菜单

【文件（F）】可用<Alt+F>组合键来选择）。选中某个主菜单后，就会出现相应的下拉菜单。

（3）快捷键操作 在下拉子菜单中，有些命令的右边对应有快捷键，如【文件（F）】菜单下的【打开（O）】命令的快捷键为<Ctrl+O>，表示按快捷键将直接执行菜单命令，这样可以减少进入多层菜单的麻烦。

有些命令后面带有三个圆点符（如【打开（O）...】），表示选择该命令后将自动弹出一个对话框。若下拉菜单中的某些命令显示为灰色，则表示这些命令在当前条件下不能选择，如图 2-55 所示。

选中图形后，单击鼠标右键还会弹出右键功能菜单，一些图形的编辑、查询等功能整合在这个菜单中，使操作更加快捷、方便，如图 2-56 所示。

图 2-55 下拉菜单示例　　　　　　　　图 2-56 右键功能菜单

3. 工具栏

工具栏由某些操作按钮组成，分别对应着某些菜单命令或选项的功能，可以直接用鼠标单击这些按钮来完成指定的功能，如图 2-57 所示。

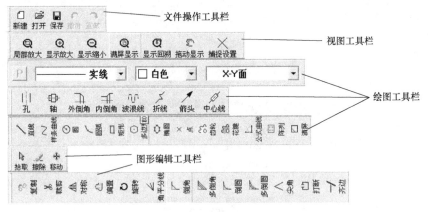

图 2-57 按钮工具栏

工具栏按钮大大简化了用户的操作过程，并使操作过程可视化。直接单击按钮即可执行相应命令，并且通过菜单栏中的【工具栏】选项，用户可以自己设定是否在界面中显示某个工具栏，如图 2-58 所示，其中勾选的工具栏会在界面中显示。

4. 状态栏

屏幕最底端是状态栏，如图 2-59 所示。

5. 图形绘制显示区

图形绘制显示区是用户进行绘图设计的工作区，用户可以在这个区域进行图形的显示、绘制及编辑等操作。该区域位于整个屏幕的中心位置，占据了屏幕的大部分面积，从而为图形提供了尽可能多的展示空间。

在图形绘制显示区中央设置了一个二维直角坐标系，该坐标系为世界坐标系。它的坐标原点为（0.0000，0.0000），水平方向为 X 轴，并且向右为正方向，向左为负方向；垂直方向为 Y 轴，向上为正方向，向下为负方向。用户在图形绘制显示区用鼠标拾取的点或用键

图 2-58 【工具栏】菜单选项

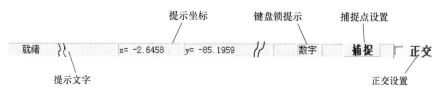

图 2-59　状态栏

盘输入的点，都以当前用户坐标系为基准，如图 2-60 所示。

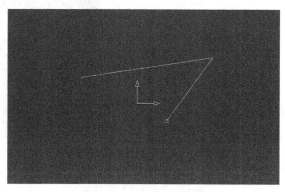

图 2-60　图形绘制显示区

6. 命令交互区

图形绘制显示区下方是命令交互区，在此区域用户可以根据提示和实际需要进行键盘输入操作，如图 2-61 所示。

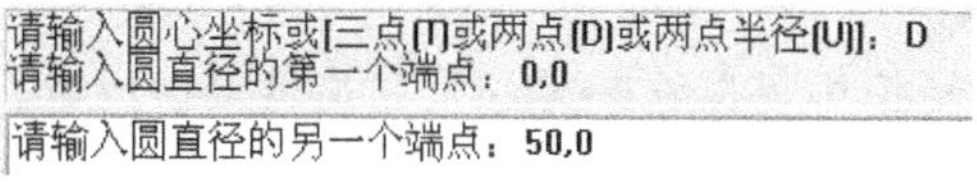

请输入圆心坐标或[三点(T)或两点(D)或两点半径(U)]：D
请输入圆直径的第一个端点：0,0
请输入圆直径的另一个端点：50,0

图 2-61　命令交互区

当输入有误时，命令行也同样会给出提示，如图 2-62 所示。

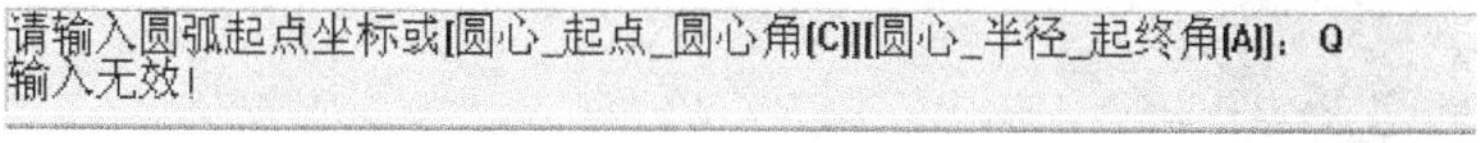

请输入圆弧起点坐标或[圆心_起点_圆心角[C]][圆心_半径_起终角[A]]：Q
输入无效!

图 2-62　命令交互区提示

2.5.2　NSC-WireCut 软件基本功能

1. 文件管理功能

（1）新建文件　用户可以选择以下方式进行新建文件的操作：

1）在菜单栏中选择【文件】→【新建】命令。

2）单击工具栏中的【新建】按钮 🗅。

3）按<Ctrl+N>组合键。

（2）打开文件　用户可以选择以下方式进行打开文件的操作：

1）在菜单栏中选择【文件】→【打开】命令。

2）单击工具栏中的【打开】按钮 。

3）按<Ctrl+O>组合键。

在弹出的【打开】对话框中选择已有的文件（预览框会显示图形），可以打开 dxf 格式的文件（如 AutoCAD 保存的 .dxf 文件），如图 2-63 所示。

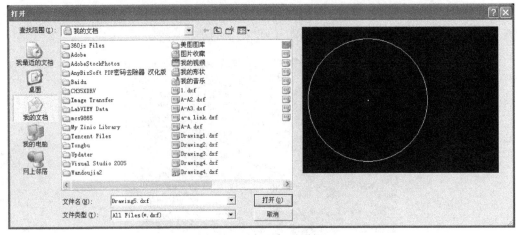

图 2-63　【打开】对话框

（3）保存文件　用户可以选择以下方式进行保存文件操作：

1）在菜单栏中选择【文件】→【保存】命令。

2）单击工具栏中的【保存】按钮 。

3）按<Ctrl+S>组合键。

在弹出的【保存】对话框中可以修改文件名和文件保存位置，将图形保存为 dxf 格式的文件，如图 2-64 所示。

保存位置

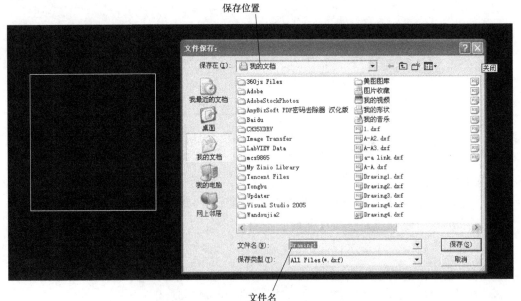

文件名

图 2-64　【文件保存：】对话框

（4）另存为功能　在菜单栏中选择【文件】→【另存为】命令，同样弹出【文件保存】对话框，如图2-64所示。

（5）打开最近使用过的文件　在菜单栏中选择【文件】→【最近文件】命令，打开【最近文件】菜单，如果文件在最近使用过的4个文件中，可以在打开的菜单中直接选择文件；选择【清除最近文件】命令，还可以清除最近使用文件列表，如图2-65所示。

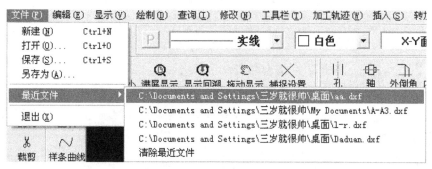

图2-65　【最近文件】菜单选项

（6）退出系统　用户可以选择以下方式退出系统：

1）在菜单栏中选择【文件】→【退出】命令。

2）单击【关闭】按钮 ⊠。

（7）撤消命令　撤消可以让操作回退到上一步。用户可以选择以下方式选择撤消命令：

1）在菜单栏中选择【编辑】→【撤消】命令。

2）单击工具栏中的【撤消】按钮 。

3）按<Ctrl+Z>组合键。

（8）重做命令　重做可以恢复之前撤消的操作。用户可以选择以下方式进行重做操作：

1）在菜单栏中选择【编辑】→【重做】命令。

2）单击工具栏中的【重做】按钮 。

3）按<Ctrl+Y>组合键。

2. 视图工具功能

（1）局部放大　在菜单栏中选择【显示】→【局部放大】命令，或者单击工具栏中的【局部放大】按钮 ，然后根据命令交互区的提示，使用鼠标左键在图形绘制显示区单击确定放大后显示窗口的第一、第二角点，如图2-66所示的白色线框为原图形，黄色线框为选择区。

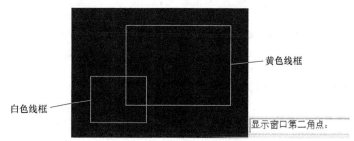

图2-66　局部放大选择区

（2）显示放大　在菜单栏中选择【显示】→【显示放大】命令，或者单击工具栏中的【显示放大】按钮 。每单击一次，图形放大 1.2 倍。

（3）显示缩小　在菜单栏中选择【显示】→【显示缩小】命令，或者单击工具栏中的【显示缩小】按钮 。每单击一次，图形缩小 1.2 倍。

（4）满屏显示　在菜单栏中选择【显示】→【满屏显示】命令，或者单击工具栏中的【满屏显示】按钮 。单击后可以使图形充满整个图形显示区域。

（5）显示回溯　在菜单栏中选择【显示】→【显示回溯】命令，或者单击工具栏中的【显示回溯】按钮 ，可以使图形回到上一个显示比例。

（6）拖动显示　在菜单栏中选择【显示】→【拖动显示】命令，或者单击工具栏中的【拖动显示】按钮 ，然后使用鼠标左键单击图形绘制显示区，移动鼠标即可将图形拖动到满意的位置，最后单击鼠标左键确定。

3. 捕捉功能

单击视图工具栏最右侧的【捕捉设置】按钮 或者单击右下角状态栏上的【捕捉】按钮 **捕捉** ，在弹出的对话框中设置捕捉点，单击【确定】按钮，如图 2-67 所示。绘图时，鼠标在图形上移动就会捕捉到需要的点。

4. 查询功能

选择菜单栏中的【查询】命令可以对点坐标、两点距离、图元属性、角度、轨迹、加工面积及费用进行查询。

（1）点坐标查询　在菜单栏中选择【查询】→【点坐标】命令，根据提示进行操作，鼠标左键单击要查询的点后，单击鼠标右键确定；如有多个点坐标待查，左键先后单击各个点，然后再右键单击确定，弹出的对话框里会显示点坐标信息，如图 2-68 所示。

图 2-67 【捕捉设置】对话框

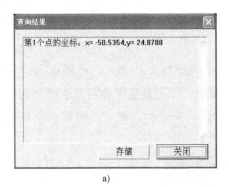

a)

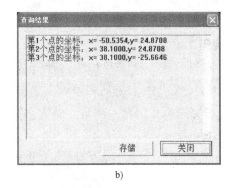

b)

图 2-68 【查询结果】对话框（点坐标）

单击【查询结果】对话框中的【存储】按钮，可以将查询结果以文本文件格式保存到指定的文件夹中，如图 2-69 所示；按【关闭】按钮可以关闭查询结果对话框。

（2）两点距离查询　在菜单栏中选择【查询】→【两点距离】命令，根据提示使用鼠标左键选中两个需要查询的点之后，单击鼠标右键确定，在弹出的对话框中显示查询结果；同

图 2-69　文本文件格式保存对话框

样，也可对查询结果进行保存，如图 2-70 所示。

（3）图元属性查询　在菜单栏中选择
【查询】→【图元属性】命令，选中要查询
的图元（选中的图元的线型会变成虚线，
并标记出图元端点及中点，如图 2-71a 所
示）后单击鼠标右键确定，弹出【查询结
果】对话框，如图 2-71b 所示，可按用户
需要选择是否保存查询结果。图元属性查

图 2-70　【查询结果】对话框（两点距离）

询可以对直线的长度、端点坐标、圆弧的圆心、长度等相关图元的基本属性进行查询。

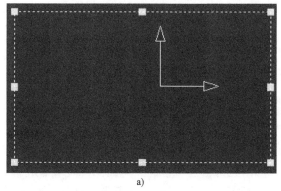
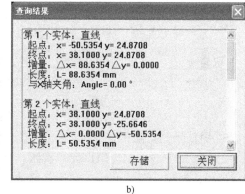

a)　　　　　　　　　　　　　　　　　　　　b)

图 2-71　图元属性查询

（4）角度查询　在菜单栏中选择【查询】→【角度】命令，根据提示单击鼠标左键选中
构成夹角的两条直线，完成后单击鼠标右键确定，弹出夹角度数的【查询结果】对话框
（角度的显示范围为 0°~180°），如图 2-72 所示。

（5）轨迹查询　在菜单栏中选择【查询】→【轨迹查询】命令，可以对生成的轨迹的信
息进行查询，根据提示选中所要查询的轨迹（轨迹选中后线型加粗），单击鼠标右键确定后

弹出轨迹【查询结果】对话框，如图 2-73 所示。

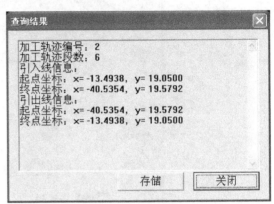

图 2-72 角度【查询结果】对话框

图 2-73 轨迹【查询结果】对话框

（6）加工面积及费用查询 选中图形后，在菜单栏中选择【查询】→【面积费用】命令，可以查询要加工轨迹的面积及加工费用。在弹出的对话框中输入工件的厚度、单价（元/mm²），单击【查询】按钮就可以获得加工面积和加工工件所需的总费用，如图 2-74 所示。

a)

b)

图 2-74 【面积及加工费用查询】对话框

5. 图形绘制功能

图形绘制功能可以让用户完成直线、圆、圆弧、多边形、椭圆等基本图形，以及样条曲线、齿轮、花键、公式曲线、列线表等特殊图形的绘制，还可以将一些图形图片矢量化。在绘制图形之前，用户可按需要对所绘制的线型（实线、虚线、点、点画线、双点画线）、线的颜色及图层进行选择。选择 X-Y 面，可以在 X-Y 图层绘制图形；选择 U-V 面，可以在 U-V 图层绘制图形；选择 X-Y-U-V 面概览，可以看到两个图层绘制的图形，如图 2-75 所示。

（1）绘制点 在菜单栏中选择【绘制】→【点】或者单击工具栏中的【点】按钮 ⁺₌，启动绘制点命令。在命令行中输入坐标值（如图 2-76 所示，输入时请用英文字符），或者在图形绘制显示区中单

图 2-75 选择颜色和图层

击鼠标左键选取一点，完成点的输入。单击鼠标右键即可退出绘制点操作。

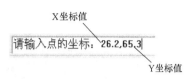

图 2-76　绘制点命令提示区

（2）绘制直线　在菜单栏中选择【绘制】→【直线】命令或者单击工具栏中的【直线】按钮 ╱，然后根据需要选择直线的生成方式，按照提示逐步绘制直线；完成绘制后可单击鼠标右键退出操作，如图 2-77 所示。

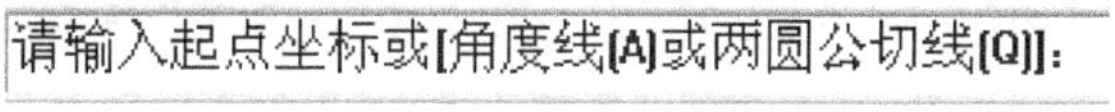

请输入起点坐标或[角度线[A]或两圆公切线[Q]]：

图 2-77　绘制直线命令提示区

1）两点线。用户可以在图形绘制显示区直接单击鼠标左键设定直线的起始点，也可以在交互区直接输入点坐标。

2）角度线。在命令行中输入【A】即可进入角度线的绘制，如图 2-78 所示（不区分大小写），之后可按提示分别确定直线与 X 轴的夹角、直线的长度及起点坐标。

3）公切线。在命令行中输入【Q】即可进入角度线的绘制，如图 2-79 所示（不区分大小写，绘制之前请先确定已经绘制好两个圆），根据需要拾取两圆后系统自动生成切线（切点与拾取位置选择在同一侧。如图 2-80 所示，图中细线条为两圆图元，粗线条为拾取单击区域，若要绘制圆的外公切线，请在公切线同一

请输入起点坐标或[角度线[A]或两圆公切线[Q]]：a

请输入线段与X轴夹角[°]：30

请输入线段的长度[mm]：100

请输入线段的起点坐标：0,0

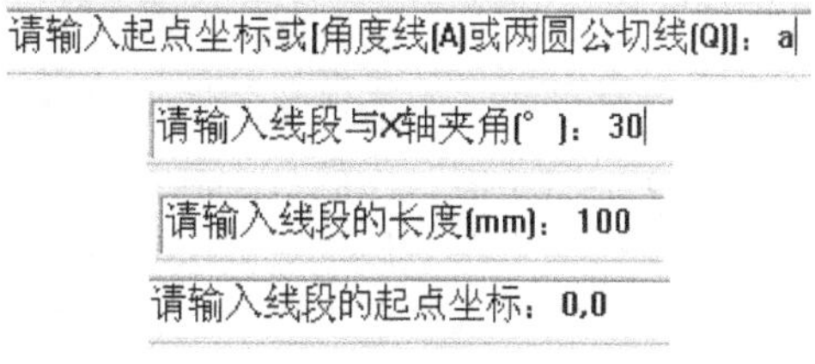

图 2-78　绘制角度线命令提示区

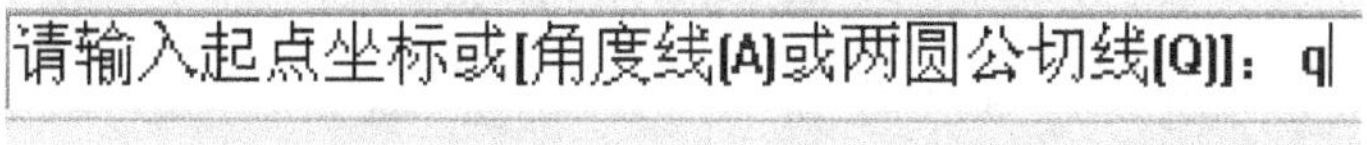

侧分别单击拾取两圆，即拾取点的位置与公切线在圆的同一侧，两个拾取位置也在同一侧；分别在两圆的不同侧单击拾取圆，可生成一条内公切线，结果如图 2-81 所示。

请输入起点坐标或[角度线[A]或两圆公切线[Q]]：q

图 2-79　绘制公切线命令提示区

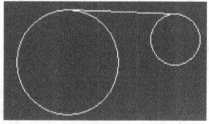

图 2-80　拾取两圆后自动生成外公切线

绘制直线时，按<Shift>键可绘制水平线或竖直线或者勾选【正交设置】命令，并且可以绘制指定长度的正交线，在确定直线起点后，输入长度值即可。

（3）绘制圆　在菜单栏中选择【绘制】→【圆】命令或者单击工具栏中的【圆】按钮

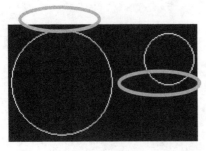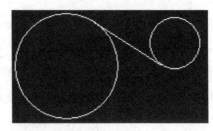

图 2-81　拾取两圆后自动生成内公切线

⏱️圆，启动绘制圆命令，用户可选择以下方式绘制圆，单击鼠标右键可退出命令，如图 2-82 所示。

请输入圆心坐标或[三点(T)或两点(D)或两点半径(U)]:

图 2-82　绘制圆命令提示区

1) 圆心-半径。该选项是通过指定圆的圆心和半径值来绘制圆，进入绘制圆命令时，默认以这种方式绘制圆。先确定所绘圆的圆心，可在图形绘制显示区单击一点作为圆的圆心，也可通过直接输入点坐标确定圆心位置。圆心确定后，可直接输入圆的半径值即可获得圆，也可在图形绘制显示区单击鼠标左键选取另一点来确定圆。

2) 三点式。在交互区输入字母【t】即可进入三点式绘圆命令。该方式可以在图形绘制显示区任意单击三个点或是直接输入三个点坐标来绘制圆，绘制的圆将通过这三个点。当三个点位于同一直线而无法构成圆时，也会给出提示，如图 2-83 所示。

请输入圆心坐标或[三点(T)或两点(D)或两点半径(U)]: t

输入无效！所选取的三个点在同一条直线上，请重新选取第三个点！

图 2-83　绘制圆命令提示

3) 两点式。根据提示输入【d】进入两点式绘圆命令。该方式是通过指定圆直径的两个端点来绘制圆。用户可以选择在图形绘制显示区中单击鼠标左键设定圆直径的两个端点，也可以选择输入确定的点坐标来设定直径的端点，最终可获得以两端点为直径的圆。

4) 两点-半径。输入【u】进入两点半径绘圆命令。该方式是通过指定圆上两点和圆的半径来绘制圆。圆上两点可以通过单击鼠标左键选取，也可自行输入点坐标，绘制的圆将通过这两个点并具有给定的半径。当给定的半径不能生成圆时，也会给出错误提示，如图 2-84 所示。

(4) 绘制圆弧　在菜单栏中选择【绘制】→【圆弧】命令或者单击工具栏中的【圆弧】按钮🎨，进入圆弧绘制命令。用户可以

半径过小！输入的半径需大于10.000

图 2-84　绘制圆命令出错提示

根据需要选择合适的方式绘制圆弧，默认采用三点式绘圆弧，单击鼠标右键可以退出操作，如图 2-85 所示。

请输入圆弧起点坐标或[圆心_起点_圆心角[C]][圆心_半径_起终角[A]]

图 2-85　绘制圆弧命令提示区

1）三点式。该种方法可以在图形绘制区任意单击三个点或直接输入三个点的坐标来绘制圆弧，绘制的圆弧将通过这三个点。如果所设点有误，也会给出相应的错误提示。

2）圆心-起点-圆心角。根据提示输入【c】可进入圆心-起点-圆心角绘圆弧命令，可以利用这种方法绘制指定角度的圆弧。按照顺序依次指定两点作为圆心和圆弧的起点，然后为圆弧指定圆心角。

3）圆心-半径-起终角。输入【a】可进入圆心-半径-起终角圆弧绘制命令。按照顺序指定一点作为圆心，再指定圆弧的半径，最后为圆弧指定起始角度和终止角度，就可得到相应的圆弧。

（5）绘制矩形　在菜单栏中选择【绘制】→【矩形】命令或者单击工具栏中的【矩形】按钮，启动矩形绘制命令。主要有两种绘制方式，默认采用两点式，单击鼠标右键可退出操作。

1）两点式。通过确定矩形左上方和右下方的两个对角点来确定矩形的大小，用户可以在图形绘制区单击或通过命令行输入获取两个点来创建矩形。

2）长度-宽度-左下角点。选择这种方式则是通过在命令行输入矩形的长度和宽度，然后指定矩形的左下角的点来创建矩形。

（6）绘制正多边形　在菜单栏中选择【绘制】→【正多边形】命令或者单击工具栏中的【多边形】按钮，启动正多边形绘制命令，如图 2-86 所示，用户可根据自己的需要设置绘制模式。

1）以中心定位绘制正多边形。选择这种方式绘制多边形后，用户要设定给定条件，可以选择给定半径方式或者给定边长方式。若选择给定半径方式，还需要设定正多边形与圆的关系，是内接于圆还是外切于圆。

然后设定多边形边数和旋转角度，设定后，按【确定】按钮进入绘图界面。

进入绘图界面后，设定多边形的中心点。若选择给定半径方式，则可根据提示，输入正多边形的内接（或外切）圆半径；若选择给定边长方式，则输入每条边的长度。

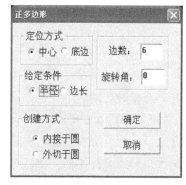

图 2-86　【正多边形】对话框

2）以底边定位绘制正多边形。选择这种方式可以绘制以底边为定位基准的正多边形。

设定多边形边数和旋转角度之后，按【确定】按钮进入绘图界面，然后用鼠标或键盘设定底边的定位点与多边形边长。

（7）绘制椭圆　在菜单栏中选择【绘制】→【椭圆】命令或者单击工具栏中的【椭圆】按钮，启动椭圆绘制命令，如图 2-87 所示。

请指定椭圆的轴端点或[输入椭圆的长轴长度[P]]

图 2-87　绘制椭圆命令提示区

1）两点给定长短轴。用户可以在命令行输入【p】进入绘制模式，然后在命令行输入椭圆长轴和短轴的长度，以及椭圆的中心坐标和旋转角度来确定椭圆。

2）两点式。默认方式是使用两点式绘制椭圆，其中两点式又分为给定一轴的两个端点、给定轴的一个端点及椭圆中心两种方式。首先可以在图形绘制区单击选点或在命令行输入点坐标来确定轴的一个端点，可以以同样的方式确定该轴的另一个端点，之后输入另一个半轴的长度来确定椭圆；也可以输入【c】进入起点-中心方式，如图 2-88 所示，之后通过设定椭圆中心和另一个半轴的长度来确定椭圆。

（8）样条曲线绘制　在菜单栏中选择【绘制】→【样条】命令或者单击工具栏中的【样条曲线】按钮 ∿，启动样条曲线绘制命令。之后，在图形绘制区中单击一点确定样条曲线的型值点或者通过命令行输入样条曲线的型值点，型值点数量超过三个即可创建样条曲线，所有型值点确定以后单击鼠标右键形成样条曲线。

（9）绘制齿轮　在菜单栏中选择【绘制】→【齿轮】命令或者单击工具栏中的【齿轮】按钮 ⚙，弹出【齿轮】对话框，如图 2-89 所示，设定各项参数后单击【确定】按钮，就可以生成对应的齿轮。

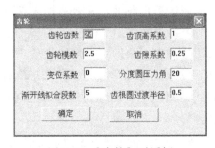

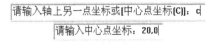

图 2-88　绘制两点式椭圆命令提示区

图 2-89　【齿轮】对话框

（10）绘制花键　在菜单栏中选择【绘制】→【花键】命令或者单击工具栏中的【花键】按钮 ⚙，弹出【花键】对话框，如图 2-90 所示，设定各项参数后单击【确定】按钮，就可以生成对应的花键。

（11）绘制公式曲线　在菜单栏中选择【绘制】→【公式曲线】命令或者单击工具栏中的【公式曲线】按钮 ⌐，弹出【公式曲线】对话框，如图 2-91 所示。公式曲线即用数学表达式表示的曲线图形，也就是根据数学公式（或参数表达式）绘制出相应的数学公式。

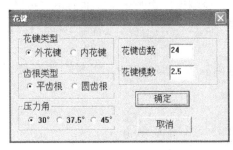

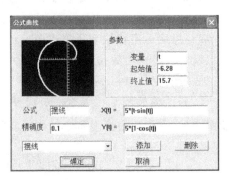

图 2-90　【花键】对话框

图 2-91　【公式曲线】对话框

绘制公式曲线的步骤如下：

1）执行公式曲线绘制命令，打开图 2-91 所示的【公式曲线】对话框。

2）填写需要给定的参数，如变量、起始值和终止值（即给定变量范围）。

3）在【公式】文本框中输入公式名、公式的具体表达式及精度。

4）设定公式曲线后，单击【确定】按钮，再按照系统提示输入定位点，一条公式曲线就可以绘制出来了。图 2-92 所示为设置的公式曲线。单击【添加】按钮，可以存储公式，在下拉列表中选择已有的公式名就可调出之前添加的公式；单击【删除】按钮，可以删除所显示的公式。

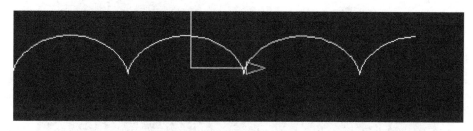

图 2-92　绘制公式曲线

（12）绘制波浪线　单击工具栏中的【波浪线】按钮，启动波浪线绘制命令。

1）在命令行中输入点坐标或在图形绘制区单击鼠标左键选取一点，完成点的输入。

2）根据起点和终点可以创建波浪线。所绘制的波浪线如图 2-93 所示。

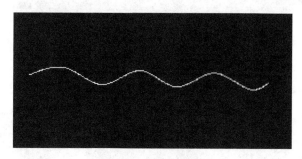

图 2-93　绘制波浪线

（13）绘制矢量文字　在菜单栏中选择【绘制】→【矢量文字】命令，弹出【矢量文字】对话框；在对话框中输入具体字符，设置字符的字体、高度及字符与字符之间的间距，单击【确定】按钮，屏幕上就可以显示出字符对应的矢量文字图形，并且生成的文字图形可以进行轨迹生成，如图 2-94 所示。

6. 图形编辑功能

（1）拾取　拾取是各种图形编辑功能操作中不可缺少的一个步骤，用户可以在要拾取的图形上依次单击鼠标左键或者在退出所有操作模式后，单击鼠标左键并拖动形成黄色的拾取框，拾取框包围所有要拾取的图形后再次单击鼠标左键，拾取后的图形用虚线表示，如图 2-95 所示。

（2）擦除　图形拾取后，单击工具栏中的【擦除】按钮，可以删除不需要的图元。

（3）拉伸　图形选中后，可以选中其端点对其进行任意方向的拉伸；拉伸时按 <Shift>

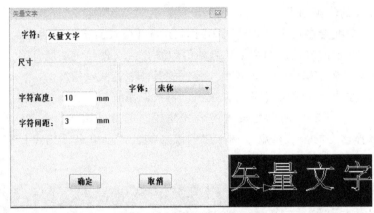

图 2-94 【矢量文字】对话框

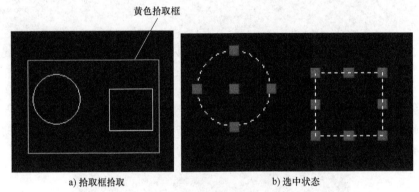

a) 拾取框拾取　　　　　　　　　b) 选中状态

图 2-95　图形拾取

键可沿水平或竖直方向进行拉伸。对于直线和圆弧，拉伸时按<Ctrl>键可沿原图形方向拉伸。鼠标左键单击拉伸端点，拉伸到指定位置后再次单击鼠标左键，如图 2-96 所示。

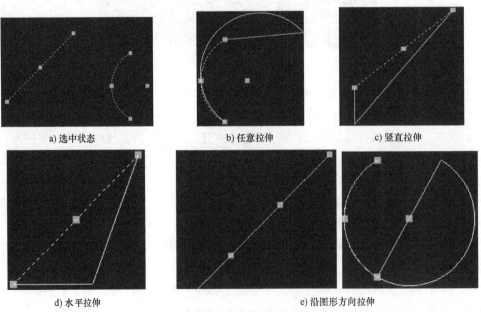

a) 选中状态　　　　b) 任意拉伸　　　　c) 竖直拉伸

d) 水平拉伸　　　　　　e) 沿图形方向拉伸

图 2-96　图形拉伸

（4）移动   在菜单栏中选择【修改】→【移动】命令或者单击工具栏中的【移动】 按
钮，可以对图形进行移动操作，如图 2-97 所示。

1）根据命令行提示拾取需要平移的曲线。

2）单击鼠标右键完成选取。

3）指定移动的基点（单击鼠标左键或者通过命令行确定）。

4）在图形绘制区单击鼠标左键或者通过命令行确定移动的目标点。

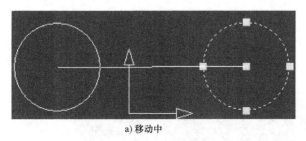 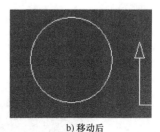

a) 移动中   b) 移动后

图 2-97   图形移动

（5）复制   在菜单栏中选择【修改】→【复制】命令或者单击工具栏中的【复制】按钮
，启动复制功能，可对拾取的实体进行复制，如图 2-98 所示。

1）根据命令行提示拾取需要复制的曲线。

2）单击鼠标右键完成选取。

3）指定移动的基点（单击鼠标左键或者通过命令行确定）。

4）在图形绘制区单击鼠标左键或者通过命令行确定复制的目标点。

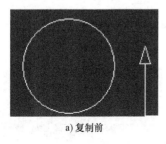 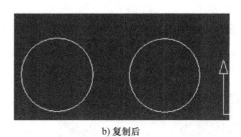

a) 复制前   b) 复制后

图 2-98   图形复制

（6）裁剪   在菜单栏中选择【修改】→【裁剪】命令或者单击工具栏中的【裁剪】按钮
，启动裁剪功能。命令启动后会弹出菜单，如图 2-99 所示，可在三种裁剪方法中任选
一种。

1）快速裁剪。用鼠标直接拾取被裁剪的曲线，系统自动判断边界
并做出裁剪响应，由于系统视裁剪边为与该曲线相交的曲线，所以必须
保证有曲线与图元相交。快速裁剪一般用于比较简单的边界情况，如一
条线段只与两条以下的线段相交，如图 2-100 所示。

图 2-99   裁剪菜单

2）边界裁剪。即以一条曲线作为剪刀线，对一系列被裁剪的曲线
进行裁剪。

① 在菜单栏中选择【边界裁剪】方式。

图 2-100　图形快速裁剪

② 系统提示"拾取剪刀线:"，用鼠标拾取一条曲线作为剪刀线。

③ 单击鼠标左键拾取要裁剪的曲线。拾取的曲线段至边界部分被裁剪，而边界另一边的部分被保留。如图 2-101 所示，虚线为剪刀线。

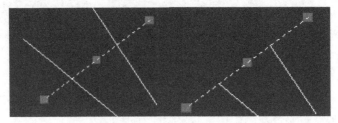

图 2-101　图形边界裁剪

3）区域裁剪。即以一个封闭的区域作为剪刀线，对一系列曲线进行裁剪。

① 在菜单栏中选择【区域裁剪】方式。

② 依据提示拾取一条封闭的曲线作为剪裁区域。若曲线不封闭，则会弹出错误警告，如图 2-102 所示。

③ 鼠标左键单击要保留的区域。在剪刀线内部单击，保留区域内的曲线，如图 2-103 所示；在剪刀线外单击，保留区域外的曲线。

图 2-102　图形区域裁剪（一）

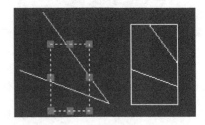

图 2-103　图形区域裁剪（二）

（7）镜像　镜像图形是对拾取的图形元素进行镜像复制或镜像位置移动，作为镜像的轴可利用图上已有的直线，也可由用户交互给出两点作为镜像的轴。在菜单栏中选择【修改】→【镜像】命令或者单击工具栏中的【镜像】按钮 ，启动镜像功能，如图 2-104 所示。

1）根据命令行提示拾取需要镜像的曲线，并单击鼠标右键确定。

2）分别指定镜像线的两点（单击鼠标左键或者通过命令行确定）。

3）通过命令行选择是否删除源对象或者单击鼠标右键按默认不删除，完成镜像。

（8）偏置　在菜单栏中选择【修改】→【偏置】命令或者单击工具栏中的【偏置】按钮 ，启动偏置功能。先拾取图元，再给定一定的偏置距离，即可得到偏置后的图元。

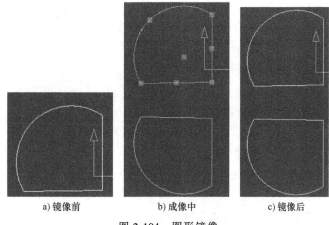

a) 镜像前　　　　　b) 成像中　　　　　c) 镜像后

图 2-104　图形镜像

1）按命令行提示选取图元。

2）在命令行输入偏置距离，按<Enter>键完成偏置。若不输入偏置距离，可直接在图形绘制区单击鼠标左键，即按默认距离（10mm）进行偏置。

（9）旋转　在菜单栏中选择【修改】→【旋转】命令或者单击工具栏中的【旋转】按钮，启动旋转功能，即可对拾取的实体进行旋转，如图 2-105 所示。

1）根据命令行提示拾取需要旋转的曲线，单击鼠标右键确定。

2）指定移动的基点（单击鼠标左键或通过命令行确定）。

3）在图形绘制区单击鼠标左键或通过命令行确定旋转的角度。

（10）角平分线　在菜单栏中选择【修改】→【角平分线】命令或者单击工具栏中的【角平分线】按钮，启动角平分线功能。通过角平分线命令可将两条直线相交形成的角进行平分。根据提示选取两条相交的直线后，系统自动生成角平分线，如图 2-106 所示。

a) 旋转前

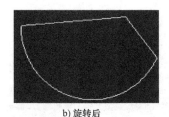
b) 旋转后

图 2-105　图形旋转

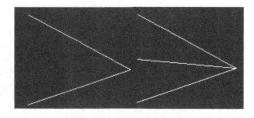

图 2-106　生成角平分线

（11）倒角　在菜单栏中选择【修改】→【倒角】命令或者单击工具栏中的【倒角】按钮，启动倒角功能。

1）选取倒角方式，输入【d】按距离倒角，输入【a】按角度倒角，如图 2-107 所示。

2）在命令行输入第一根线的倒角长度。

3）如果采用距离方式，则输入第二根线的倒角长度；若采用角度方式，则输入倒角的角度。

请输入倒角方式[距离[D] / 角度[A]]：D

图 2-107　倒角命令提示区

4）选择两条需要倒角的直线，如

图 2-108 所示。

（12）多倒角　在菜单栏中选择【修改】→【多倒角】命令或者单击工具栏中的【多倒角】按钮 ，启动多倒角功能，可对多条首尾相连的直线进行倒角。

图 2-108　图形倒角

1）选取多条首尾相连的线段组成的直线链。

2）选取倒角方式，输入【d】按距离倒角，输入【a】按角度倒角。

3）如果采用距离方式，则在命令行输入倒角长度；若采用角度方式，则输入第一根线的倒角长度和倒角的角度。

4）按<Enter>键完成多倒角，如图 2-109 所示。

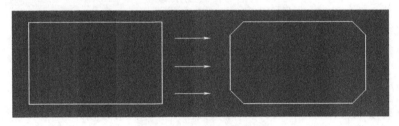

图 2-109　图形多倒角

（13）倒圆　在菜单栏中选择【修改】→【倒圆】命令或者单击工具栏中的【倒圆】按钮 ，启动倒圆功能。

1）选取两条需要进行倒圆的曲线。

2）在命令行输入圆角半径。

3）按<Enter>键完成倒圆，如图 2-110 所示。

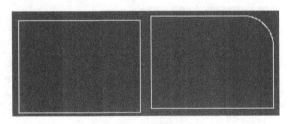

图 2-110　图形倒圆

（14）多倒圆　在菜单栏中选择【修改】→【多倒圆】命令或者单击工具栏中的【多倒圆】按钮 ，启动多圆角功能，可对多条首尾相连的直线进行倒圆。

1）选取多条首尾相连的直线链。

2）在命令行输入圆角半径。

3）按<Enter>键完成多倒圆，如图 2-111 所示。

（15）尖角　在菜单栏中选择【修改】→【尖角】命令或者单击工具栏中的【尖角】按钮 ，启动尖角功能，依次选取两条相交的曲线（尖角操作仅支持直线及圆弧），系统自动

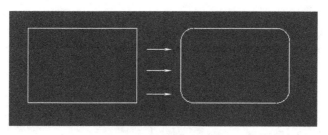

图 2-111　图形多倒圆

执行尖角过渡，即在第一条曲线与第二条曲线的交点处形成尖角过渡，如图 2-112 所示。

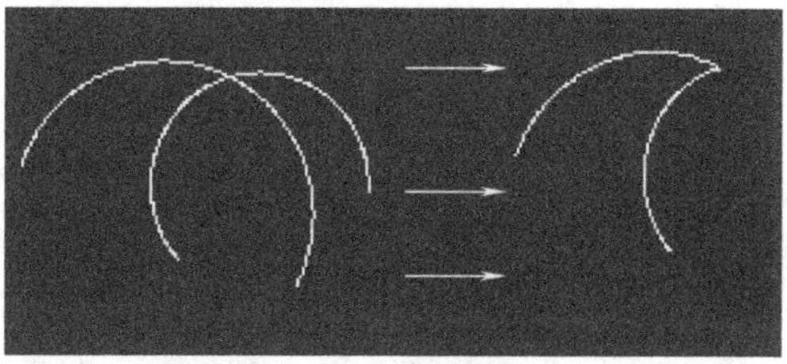

（16）打断　在菜单栏中选择【修改】→
【打断】命令或者单击工具栏中的【打断】
按钮 ，启动打断功能。打断是指将一条曲
线在指定点处打断成两条曲线，以便于分别
操作。

1）根据提示，用鼠标左键在屏幕上拾取
一条欲打断的曲线。

图 2-112　图形尖角

2）用鼠标左键在曲线上拾取一点或者在命令行输入一点，原来的曲线即变成了两条互
不相干的曲线，各自成为一个独立的实体。

（17）齐边　在菜单栏中选择【修改】→【齐边】命令或者单击工具栏中的【齐边】按
钮 ，启动齐边功能，即可以一条曲线为边界对一系列曲线进行裁剪或延伸。

1）根据提示，单击鼠标左键拾取一条曲线作为边界，即剪刀线。

2）单击鼠标左键依次拾取曲线进行编辑，如果选取的曲线与边界曲线有交点，则系统
按【裁剪】命令进行操作，即系统将裁剪所拾取的曲线至边界的部分。如果被裁剪的曲线
与边界曲线没有交点，系统将把曲线延伸至边界（圆或圆弧可能会有例外，因为它们的延
伸范围是有限的）。

图 2-113 所示为剪刀线与曲线相交或不相交的齐边操作结果，其中虚线为剪刀线，第一
个图形为原图形，第二个图形中剪刀线与曲线相交，第三个图形中剪刀线与曲线不相交。

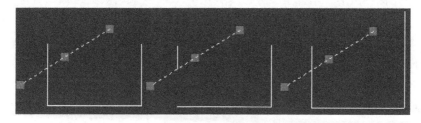

图 2-113　图形齐边

（18）阵列　在菜单中的选择【修改】→【阵列】命令或者单击工具栏中的【阵列】按
钮 ，启动阵列功能，可对选取的图元进行阵列操作。

1）选取要阵列的对象并单击鼠标右键确定，系统会弹出【阵列对话框】对话框，如
图 2-114 所示。

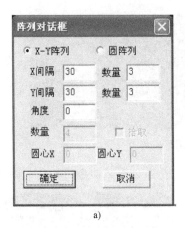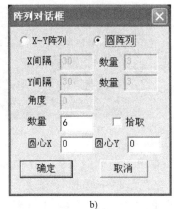

a)　　　　　　　　　　　　b)

图 2-114　【阵列对话框】对话框

2）在弹出的对话框中设置阵列的生成方式及参数。系统可生成方阵和圆阵列两种不同形式的阵列，如图 2-114 所示，用户可根据需要选择其中一种，设定相应参数后，单击【确定】按钮即可生成阵列。图 2-115 所示为图形阵列结果。

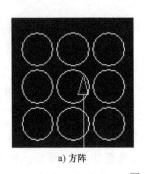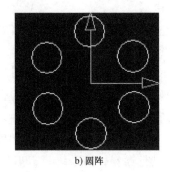

a) 方阵　　　　　　　　　　　　b) 圆阵

图 2-115　图形阵列

（19）清屏　在菜单栏中选择【修改】→【清屏】命令或者单击工具栏中的【清屏】按钮 ，启动清屏功能，可以清除当前图形绘制区的图形。清屏之后图形是无法复原的，所以如有需要请先保存图形，系统也会弹出【询问】对话框来确认是否执行清屏，如图 2-116 所示。

（20）爆炸（分解）　单击工具栏中的【分解】按钮 ，启动分解功能，可将多边形等整体性的图元分解为单段的图元，如图 2-117 所示。

图 2-116　【询问】对话框

7. 右键菜单功能

在图形被选中的情况下单击鼠标右键，将弹出右键菜单，如图 2-118 所示，使用户能更加方便、快捷地使用一些常用的功能。其中属性查询、移动、复制、旋转、镜像功能在之前已经详细介绍过了，这里就不再进行说明了。

（1）缩放　选择右键菜单中的【缩放】命令，启动比例缩放功能，可根据给定的基点，按比例对图形元素的比例进行缩放（还可以选择进行 X 轴或 Y 轴单方向的缩放，在确定基

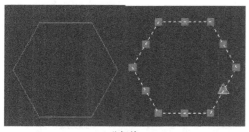

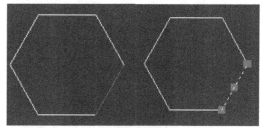

a) 分解前　　　　　　　　　　　　　　　　　　b) 分解后

图 2-117　图形爆炸分解

点之前在命令行输入字符【X】或【Y】进入单向缩放)。与视图工具中的显示缩小、放大功能有所不同，右键菜单中的【缩放】命令可以自行设定缩放比例，而且缩放的是图元的尺寸，而不是显示的放大或缩小。

图 2-118　右键弹出菜单

1）根据命令行提示选择缩放的基点（或输入字符【X】或【Y】进入单向缩放后再进行基点选择）。

2）输入缩放比例（通过命令行输入），当比例大于 0 且小于 1 时，图形缩小；当比例大于 1 时，图形放大。

3）按<Enter>键完成缩放操作。

（2）块生成　选择右键菜单中的【块生成】命令，启动块生成功能，根据设定的基点，系统自动将所选图形生成块。

（3）块分解　选择右键菜单中的【块分解】命令，启动块分解功能，系统自动将所选中的块分解成图元。导入其他软件绘制的图形文件时，图形可能就是以块的形式存在的，这种块图形无法用于生成轨迹，这时就需要对块进行分解。

（4）部分存 DXF　选右键菜单中的【部分存 DXF】命令，启动保存功能，并弹出【保存】对话框，可对选中的图元进行保存。

8. 插入功能

插入功能将一些常见的异面图形进行了总结，可以方便用户快速地新建图形，然后利用图形生成异面轨迹或锥度轨迹。选择菜单栏中的【插入】命令，在其下拉菜单中用户可以选择所需要的图形，如图 2-119 所示。

（1）插入正圆锥　在菜单栏中选择【插入】→【正圆锥】命令，启动插入圆锥功能，在弹出的对话框中设置相关参数，单击【确定】或者【应用】按钮，就可以生成圆锥的两个底面，如图 2-120 所示。

（2）插入正多边形锥　在菜单栏中选择【插入】→【正多边形锥】命令，在弹出的对话框中设置相关参数。正多边形尺寸有三种控制方式，分别是外接圆半径、内切圆半径和边长。【夹角 b】是指 X-Y 平面上底边与 X 轴的夹角，【扭角 c】

图 2-119　【插入】下拉菜单

是指 U-V 平面相对于 X-Y 平面转过的角度。锥体【中心】可手动输入或者在图形绘制区拾取获得。参数设定后单击【确定】或者【应用】按钮，就能生成正多边形锥的两个底面，如图 2-121 所示。

图 2-120 【圆锥】对话框

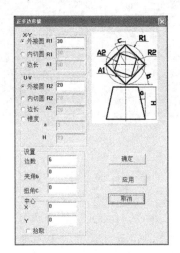

图 2-121 【正多边形锥】对话框

（3）插入正星锥　在菜单栏中选择【插入】→【正星锥】命令，在弹出的对话框中输入相关参数。【夹角 b】是指 X-Y 平面上的一角与 Y 轴的夹角，【扭角】是指 U-V 平面相对于 X-Y 平面转过的角度，【中心】可以手动输入或者在图形绘制区拾取。单击【确定】或者【应用】按钮，即可绘制出星锥的两个底面，如图 2-122 所示。

（4）插入正棱形锥　在菜单栏中选择【插入】→【正棱形锥】命令，在弹出的对话框中输入相关参数。【夹角 b】是指 X-Y 平面上的一对角边与 Y 轴的夹角，【扭角】是指 U-V 平面相对于 X-Y 平面转过的角度，【中心】可以手动输入或者在图形绘制区拾取。单击【确定】或者【应用】按钮，即可绘制出正棱形锥的两个底面，如图 2-123 所示。

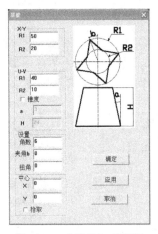

图 2-122 【星锥】对话框

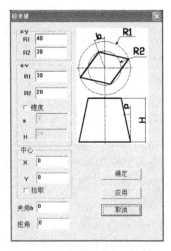

图 2-123 【棱形锥】对话框

（5）插入正异形锥　在菜单栏中选择【插入】→【正异形锥】命令，弹出【异形锥】对话框。用户可根据需要在下拉列表中选择合适的底面图形，输入相关参数，【中心】可以手动输入或者在图形绘制区拾取。对话框参数设置完成后，单击【确定】或者【应用】按钮，即可绘制出异形锥的两个底面，如图 2-124 所示。

（6）插入正椭圆锥　在菜单栏中选择【插入】→【正椭圆锥】命令，在弹出的对话框中输入相关参数。【a1】【b1】分别为 X-Y 平面上椭圆的长轴和短轴，【a2】【b2】分别为 U-V 平面上椭圆的长轴和短轴，参数【A】是指 X-Y 平面上长轴与 X 轴的夹角，参数【B】是指 U-V 平面相对于 X-Y 平面转过的角度。参数设定完成后，单击【确定】或者【应用】按钮，即可绘制出正椭圆锥的两个底面，如图 2-125 所示。

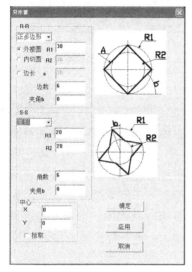

图 2-124　【异形锥】对话框

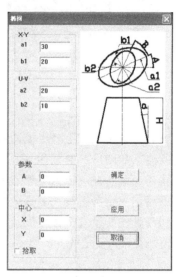

图 2-125　【椭圆】对话框

2.5.3　NSC-WireCut 软件程序生成

1. 轨迹生成

图形绘制完成后，用户可以选择生成所需要的加工轨迹，如平面轨迹、异面轨迹及锥度轨迹，并且根据需要进行跳步设置，系统还允许用户手动编程，通过 G 代码或 3B 代码编程生成轨迹，如图 2-126 所示。

外部导入的 DXF 闭合图形可能会存在常规比例尺下不容易发现的断点，系统在生成图形时将其当成不闭合图形处理，进而生成不完整的轨迹，因此可以对这些图形在生成轨迹之前进行断点检测，然后对有断点处进行修改后再生成轨迹。在菜单栏中选择【加工轨迹】→【断点检测】命令，根据提示选择要检测的图元并单击鼠标右键后，图上就会出现红色标记的断点，如图 2-127 所示。单击【加工轨迹】→【断点参考连接】，给出断点间的参考性连接，可直线连接距离最短的断点。单击【加工轨迹】→【断点标记清除】，可以清除红色的标记点。

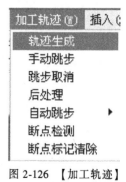

图 2-126　【加工轨迹】
下拉菜单

在菜单栏中选择【加工轨迹】→【轨迹生成】命令，弹出【轨迹生成】对话框，如图 2-128 所示。设置补偿半径、切割次数等相关参数后，单击【平面轨迹】或者【异面轨迹】或者【锥度轨迹】按钮，按命令行的提示进行操作，即可生成所需

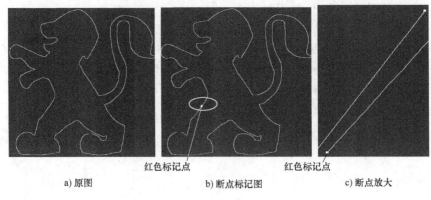

a) 原图　　　　　　　　　　　b) 断点标记图　　　　　　　　c) 断点放大

图 2-127　图形断点检测

要的轨迹。

轨迹有自动生成和手动生成两种生成方法，默认为自动生成，手动生成轨迹需要用户自行拾取要加工的图形，自动生成则不需要。轨迹引线的生成也有两种方法：端点法和长度法。默认采用端点法，根据穿丝点和切入点生成引入引出线，这种情况下要选择穿丝点。长度法是根据切入点和引线长度来生成引入引出线，这种情况下不需要选择穿丝点。如果设置为多次切割，还要设置支撑宽度，在下方的列表框中还可以对每刀的切割余量进行设置。对某些尖角处有特殊要求的，需要进行清角处理，还需要选中【加清角】单选按钮（默认为无清角）。

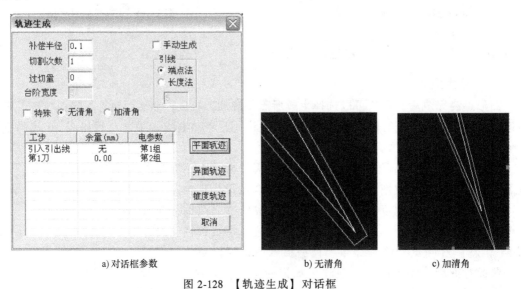

a) 对话框参数　　　　　　　　b) 无清角　　　　　　　　c) 加清角

图 2-128　【轨迹生成】对话框

2. 平面轨迹

【轨迹生成】对话框中的参数设定后，单击【平面轨迹】按钮，启动平面轨迹生成命令。

（1）引线端点法　根据提示在图形绘制区单击鼠标左键拾取或者在命令行输入穿丝点（若选择手动生成，在这之前还必须先进行图形轮廓的拾取），如图 2-129 所示。然后单击鼠标左键选取切入点，鼠标在图形上移动，出现捕捉标志的位置都可以被选为切入点，如图 2-130 所示，用户可以根据需要，通过捕捉图元上的任意合适的位置选取切入点，也可以在命令行输入确切的切入点（必须保证点在图元上，切入点的输入才有效）。切入点设置后（如果是不封闭图形，还需要设置引出线的终点），生成图 2-131 所示图形，箭头表示加工方向，此时如果无须修改加工方向，可以直接单击鼠标右键生成加工轨迹，也可以单击鼠标左键切换加工方向后，再单击鼠标右键生成加工轨迹。加工轨迹如图 2-132 所示，绿线为图形轨迹线，紫线为引入引出线。

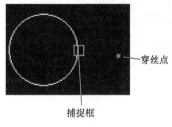

a) 手动生成时图形拾取提示　　　　b) 穿丝点设置提示

图 2-129　拾取选择命令提示区

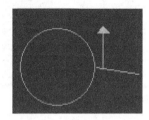
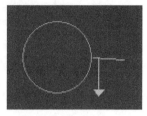

图 2-130　选择切入点　　　　图 2-131　切割加工方向选择

（2）引线长度法　与端点法操作唯一不同的是，长度法不需要先选取穿丝点，而是直接进行切入点的设置，系统根据设置的引线长度可自动生成穿丝点位置，然后选择加工方向，单击鼠标右键确定后生成轨迹。

3. 异面轨迹

用户可以利用插入功能方便快捷地生成异面图形，也可自行绘制（在同一绘图层绘制图形，

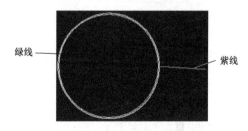

图 2-132　图形平面加工轨迹

可以在绘制时设置不同的线型或者颜色来区分 X-Y 面和 U-V 面的图形），在绘制的 X-Y 面和 U-V 面图形的基础上，设置参数后单击【异面轨迹】按钮，开启异面轨迹生成命令。

生成异面轨迹的操作过程与平面轨迹的生成类似，分别生成 X-Y 面和 U-V 面的轨迹。以端点法为例，首先鼠标左键单击拾取穿丝点或在命令行输入穿丝点，之后先设置 X-Y 面上的切入点、加工方向，并单击鼠标右键确定，然后选取 U-V 面上的切入点，并单击鼠标右键确定，即可生成异面轨迹。由于 U-V 面上的加工方向与 X-Y 面上的一致，所以 U-V 面不进行加工方向的设置。图 2-133 所示为生成的异面轨迹（蓝色轨迹为 X-Y 面轨迹，黄色轨迹为 U-V 面轨迹，紫色线为引入引出线）。

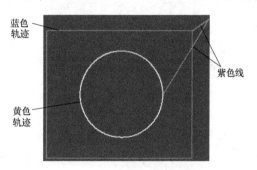

图 2-133　图形异面加工轨迹

4. 锥度轨迹

锥度轨迹在生成之前，用户只需要提前绘制 X-Y 面上的图形，系统可以根据设置的参数生成 U-V 面上的轨迹。在【轨迹生成】对话框中设置参数后，单击【锥度轨迹】按钮，若使用引线端点法，首先根据提示设置穿丝点、切入点和加工方向（若使用引线长度法，则直接根据提示开始设置 X-Y 面上的切入点和加工方向，穿丝点由系统生成），单击鼠标右键确定后弹出【锥度轨迹】对话框，如图 2-134a 所示。系统提供了两种锥度轨迹的生成方法，一种是通过给定 U-V 面与 X-Y 面的偏置尺寸【d】来生成锥度轨迹，另一种则是通过给定锥度及锥体高度来生成锥度轨迹。参数设定之后，单击【确定】按钮，就可以生成图 2-134b 所示的锥度加工轨迹。

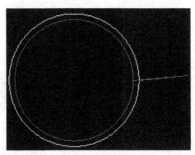

a)【锥度轨迹】对话框   b) 图形锥度加工轨迹

图 2-134　生成锥度加工轨迹

5. 单段补偿

单段补偿功能支持对轨迹某段的补偿半径另行设置。在【轨迹生成】对话框中设置参数时，勾选【特殊】选项，在之后的轨迹生成过程中，设置穿丝点、切入点及加工方向后，单击鼠标右键确定，弹出【特殊偏置设置】对话框，如图 2-135 所示。对话框中有三个补偿方式选项：【补偿正向】【零补偿】【补偿反向】，可以对轨迹的某些段分别设置与整体不同的特殊补偿方式。【补偿正向】即设置与轨迹原来的补偿方向一致，但是可以对选中段设置与原来不同的补偿半径；【零补偿】即设置选中段的补偿半径为零；【补偿反向】即设置补偿方向与原补偿方向相反，同样可以设置与原来不同的补偿半径。如果不设置补偿半径，则半径的大小与原来相同。单击选中一个补偿方式后，命令行会提示选择需要特殊偏置的图元，鼠标在红色的轨迹提示线上移动时，轨迹会切换到对应的颜色，补偿正向为绿色，补偿反向为蓝色，零补偿为黄色。单击鼠标左键选择要实行特殊补偿的某段轨迹，该段轨迹的颜色固定为特殊补偿对应的颜色；需要设置不同的补偿半径时，可以在命令行输入该段的补偿半径，不进行设置，则补偿半径的大小保持不变。如果还有需要实行特殊补偿的轨迹段，可以继续单击选择，也可以再次切换不同的补偿方式后再继续选择特殊补偿轨迹段。将需要实行特殊补偿的轨迹段设置好以后，单击【特殊偏置设置】对话框中的【确定】按钮即可生成轨迹；单击【取消】按钮则取消之前的特殊设置，并按原方案生成轨迹，没有单段特殊补偿。

6. 跳步

系统为用户提供了手动跳步和自动跳步两种跳步方法。单个图形的轨迹生成完成后，如图 2-136 所示，有五个轨迹，用户可以根据需要对某些轨迹进行跳步操作，生成跳步轨迹。可以实现单次切割到多次切割、平面到异面等混合轨迹之间的跳步。

图 2-135　【特殊偏置设置】对话框及单段补偿

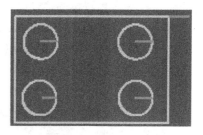

图 2-136　单个图形的轨迹

（1）自动跳步　自动跳步不需要手动拾取需要跳步的轨迹，系统自动检索图形绘制区的所有轨迹，并对其进行跳步。在菜单栏中选择【加工轨迹】→【自动跳步】→【按生成顺序】命令，系统会按照原始轨迹的生成顺序进行跳步；或者在菜单栏中选择【加工轨迹】→【自动跳步】→【按距离最短】命令，系统会按照最短的跳步距离进行跳步。图 2-137 分别给出了两种不同跳步方式生成的跳步轨迹。

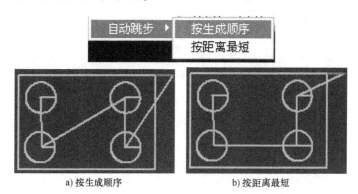

a) 按生成顺序　　　　　　b) 按距离最短

图 2-137　图形自动跳步轨迹

（2）手动跳步　手动跳步需要用户自行拾取需要进行跳步的轨迹。根据提示依次单击鼠标左键拾取需要进行跳步的轨迹，轨迹拾取完成后单击鼠标右键确定，系统自动按照轨迹的拾取顺序进行跳步，生成跳步轨迹。在菜单栏中选择【加工轨迹】→【跳步取消】命令，可以取消跳步，还原轨迹。

7. 后处理

在菜单栏中选择【加工轨迹】→【后处理】命令，弹出图 2-138 所示对话框，用户可以

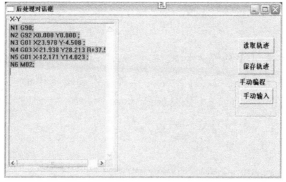

图 2-138　图形后处理对话框

直接输入 G 代码进行手动编程后直接生成轨迹代码、保存现有轨迹及读取之前保存的轨迹，但是对已生成的轨迹不提供修改功能。

（1）读取轨迹　单击【读取轨迹】按钮可以读取之前保存过的轨迹文件，如图 2-139 所示，轨迹文件的保存格式为 cnc 格式，选中文件后单击【打开】按钮，就可以在图形绘制区显示轨迹。

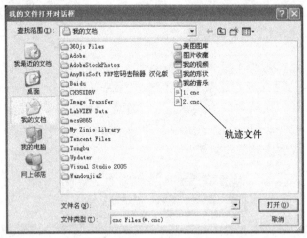

图 2-139　选择轨迹文件

（2）保存轨迹　选中一条轨迹，单击【保存轨迹】按钮，可以将选中的轨迹保存为 cnc 格式的轨迹文件，如图 2-140 所示。

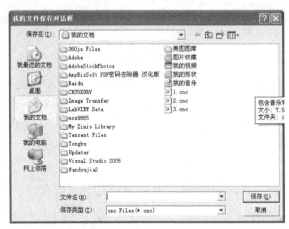

图 2-140　保存轨迹文件对话框

（3）平面输入　单击【手动输入】按钮 手动输入 （图 2-138），选择平面模式启动平面轨迹的 G 代码手动编程命令，在图 2-141 所示的代码输入编辑框中输入具体的代码，代码输入完成后单击【生成轨迹】按钮即可生成具体轨迹。

在系统中所使用的手动编程的 G 代码格式为

N＿ G＿ X＿ Y＿ U＿ V＿ R＿；

N＿ M＿；

其中，N 为程序段号，G 为定义运动方式，常用指令为 G90（绝对坐标编程），G91

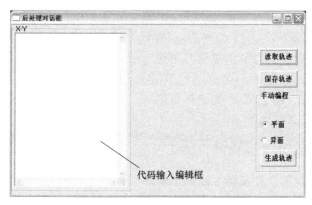

图 2-141　手动平面代码输入对话框

（相对坐标编程），G92（定义起点），G00（快速定位），G01（直线插补），G02（顺时针圆弧插补），G03（逆时针圆弧插补）。M 指令常用的是 M00（程序暂停），M02（程序结束）。X、Y、U、V 为轨迹的坐标，R 为圆弧的半径。图 2-142 所示为圆的平面轨迹 G 代码程序。

```
N1 G90；
N2 G92 X0.000 Y0.000；
N3 G01 X-11.062 Y0.265；
N4 G03 X-24.871 Y14.074 R+13.809；
N5 G03 X-38.680 Y0.265 R+13.809；
N6 G03 X-24.871 Y-13.544 R+13.809
N7 G03 X-11.062 Y0.265 R+13.809；
N8 G01 X0.000 Y0.000；
N9 M02；
```

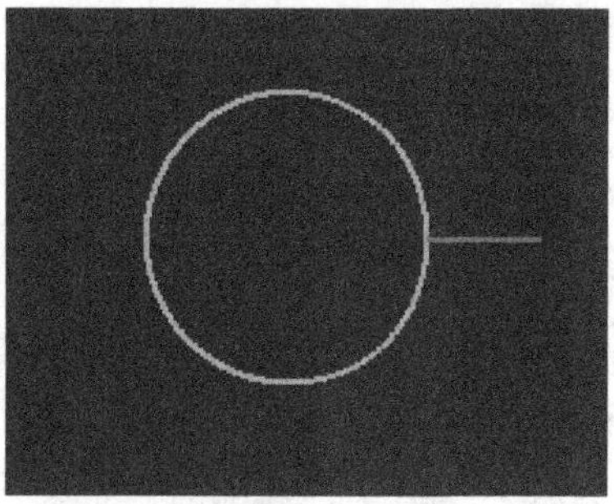

图 2-142　圆的平面轨迹 G 代码程序

（4）异面输入　单击【手动输入】按钮后，选择异面模式启动异面轨迹和锥度轨迹的 G 代码手动编程命令，在图 2-143 所示的代码输入编辑框中输入具体的代码，代码格式与平面轨迹中的一样，在 X-Y 编辑框中输入 X-Y 面的代码，在 U-V 编辑框框中输入 U-V 面的代码，完成后单击【生成轨迹】按钮即可生成具体轨迹。

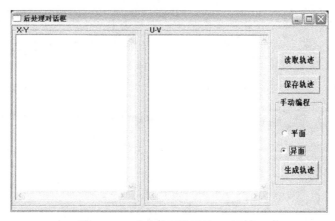

图 2-143　手动异面代码输入对话框

系统也支持 B 代码的输入, B 代码的格式为 B X B Y B J G Z, 其中 B 为分隔符, 作用是将 X、Y、J 数码区分开; X、Y 为增量 (相对) 坐标值, 即直线的终点相对于起点的坐标值或者圆弧的起点相对于圆心的坐标值, 单位为 μm; J 为计数长度, 即加工线段在计数方向轴上的投影值的和, 单位为 μm; G 为计数方向, 用 GX、GY 表示; Z 表示加工指令, 直线指令有 L1、L2、L3、L4, 圆弧指令有顺圆指令 (SR1、SR2、SR3、SR4) 和逆圆指令 (NR1、NR2、NR3、NR4)。

2.5.4 NSC-WireCut 软件程序转加工

转加工命令可以让用户直接切入到加工系统。在菜单栏中选择【转加工】→【返回加工】命令, 打开加工系统, 如图 2-144 所示。

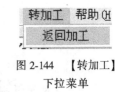

图 2-144 【转加工】
下拉菜单

双击桌面上的 NSC-WireCut 快捷方式图标就可运行软件。NSC-WireCut 软件的加工操作界面如图 2-145 所示。

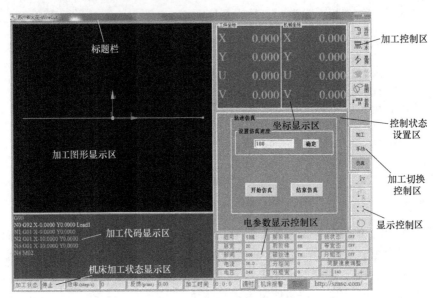

图 2-145 加工操作界面

(1) 标题栏 NSC-WireCut 软件界面最上端是标题栏, 用于显示软件名称。

(2) 加工切换控制区 加工切换控制区提供三种运动状态, 分别为手动、加工和仿真, 如图 2-146 所示。

(3) 显示控制区 显示控制区有四个按钮, 分别为三维立体显示、平面显示、最适合显示及旋转。如图 2-147 所示。

图 2-146 加工切换按钮

图 2-147 显示控制按钮

（4）加工图形显示区　负责实时显示运动的图形，在此区域内可以实现图形的显示及图形的放大、缩小功能，三维立体显示如图 2-148 所示。

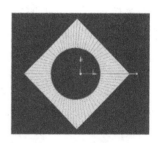

图 2-148　加工图形显示区
（三维立体显示）

（5）坐标显示区　软件具备两个坐标系统：工件坐标系统和机械坐标系统。工件坐标系统显示调入的加工文件的坐标信息，更新的是加工文件中的位置信息。机械坐标系统显示的是机械坐标，在完成回零操作后此坐标将自动清零。需要注意的是，首次上电时机械坐标为零，建议上电后进行回零操作，以建立合适的坐标系统，为后续的螺距补偿及软件限位功能服务。坐标显示区如图 2-149 所示。

（6）电参数显示控制区　如图 2-150 所示，电参数显示控制区显示实时的电参数，对单次或者多次切割的电参数进行显示。当处于加工状态时，此区域内将显示伺服参数，参数为可调参数，可以调整加工的跟踪状态。电参数的修改可以在加工控制区单击【参数】按钮，在弹出的电参数设置对话框中进行修改。

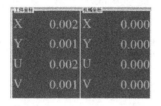

图 2-149　坐标显示区

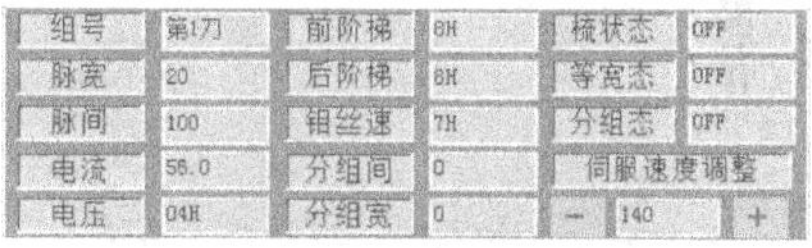

图 2-150　电参数显示控制区

（7）加工代码显示区　当用户打开并加载加工文件后，加工文件的内容将显示在此区域中；当程序处于空走或者加工状态时，相应加工代码将会高亮显示，以达到动态跟踪的效果，如图 2-151 所示。

（8）加工控制区　加工控制区负责水泵、贮丝筒、高频、电机使能、绘图、参数等的控制，如图 2-152 所示。同时开关控制的状态也能反映出来（有效的状态会高亮显示）。

图 2-151　加工代码显示区

图 2-152　加工控制区各按钮

（9）机床加工状态显示区　机床加工状态显示区显示机床当前的加工状态、加工效率、加工锥度、机床状态、加工时间及反馈，如图 2-153 所示。机床进行切割时，加工状态显示区会显示到目前为止加工所用的时间，单击【清时】按钮，可将当前所记录的时间清零，重新开始计时。机床加工状态主要有正向自动、反向自动、正向单段、反向单段、短路回退、停止等几个状态。

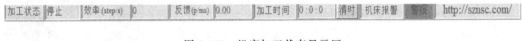

图 2-153　机床加工状态显示区

（10）手动控制设置区　手动控制设置区包含许多子窗口，每个子窗口对应一类功能，主要有【移轴】【对中】【对边】【原点】。若要进入某个子窗口，只需要单击相应选项卡即可（软件启动时默认选择【原点】），如图 2-154 所示。需要注意的是，在此窗口中输入的数值为正时，对应正方向；为负时，对应负方向。

1）机床回零（原点）。此功能窗口负责让机床自动找机械参考点。可以选择回零的次序，机床将按照选择的次序进行回零操作。在回零过程中，将不能进行其他移轴动作，回零方向也不可变，如图 2-154 所示。

2）移轴设置。此功能窗口主要设置机床的移轴动作，此项功能可以满足精确移轴定位的要求。在此可以设置移轴的速度，还提供了【矫直电参数】按钮，方便用户在手动控制状态下运用特定的参数直接进行钼丝矫直操作，如图 2-155 所示。需要注意的是，移轴距离为正时，机床向正方向运动；为负时，机床向负方向运动。

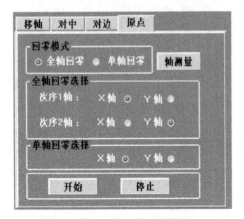

图 2-154　手动控制设置默认窗口

图 2-155　手动移轴设置

3）对中设置。此功能窗口的作用是帮助用户找工件的中心。在此可以选择对中的次序，默认选择的是 X 轴先进行对中的方式；还可以设置对中的速度，如图 2-156 所示。

4）对边设置。此功能窗口用于设置对边的操作，在此可以设置对边的方向及对边的速度，如图 2-157 所示。

（11）加工控制设置区　此区域包括加工模式、运动模式、运动设置及运动控制等功能，如图 2-158 所示。

1）加工模式。加工模式有切割和空走两个选项，切割主要用于放电切割的实际加工，空走主要用于加工仿真，可以检验加工轨迹是否合适及是否有干涉，在进行加工前请选择其中一种加工模式，如图 2-159 所示。

图 2-156　手动对中设置

图 2-157　手动对边设置

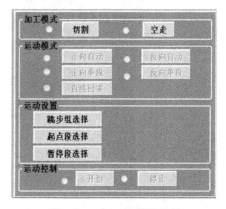

图 2-158　加工控制设置区

2）运动模式。运动模式分为正向自动、反向自动、正向单段、反向单段及直线回零等几个模式，在进行加工前请选择其中一种运动模式，如图 2-160 所示。

图 2-159　加工模式选项

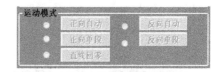

图 2-160　运动模式选项

① 正向自动：可以实现正向的自动加工，单次和多次的切割自动进行，直至轨迹的终点。

② 反向自动：可以实现反向的自动加工，单次和多次的切割自动进行，直至轨迹的终点。

③ 正向单段：可以实现正向的单段加工，切割分段执行，执行的单位以代码显示区的G 代码为标准。

④ 反向单段：可以实现反向的单段加工，切割分段执行，执行的单位以代码显示区的G 代码为标准。

⑤ 直线回零：可以实现从当前所处的加工位置直线回退到原点位置，加工图形显示区按照直线进行回零，坐标显示区按照坐标值进行回零，工件坐标回零后会清零，机械坐标会回到出发位置。

3）运动设置。运动设置主要包括跳步组选择、起点段选择、暂停段选择，如图 2-161 所示。

① 跳步组选择：在此可以选择跳步运动的起点，在加工或空走时将从设置的起点开始运行，直至终点，如图 2-162 所示。

图 2-161　运动设置按钮　　　　　　　　　　图 2-162　跳步组选择设置

② 起点段选择：对于需要重新设置起点的加工情况，在此可以重新设置运动起始点。

③ 暂停段选择：对于需要在运动中暂停操作的情况，可以在此设置需要暂停的点。

4）运动控制。运动控制可实现运动的启停控制，如图 2-163 所示。

图 2-163　运动控制按钮

【任务实施】

1）打开绘图系统，启动绘制圆命令，选择默认的【圆心-半径】绘圆方式。

2）确定圆心坐标，在命令行输入【0，0】，也可以在图形绘制区单击获取。

3）确定半径，在命令行输入【10】，就可得到所要加工轨迹的辅助线，如图 2-164 所示。

4）启动轨迹生成命令，在图 2-165 所示的对话框中设置参数，根据实际设置补偿半径、放电间隙、过切量及切割余量，切割次数设为【1】，采用【端点法】生成引线，设置完成后单击【平面轨迹】按钮，开始生成轨迹。

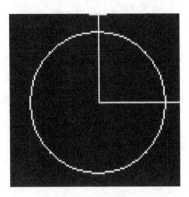

图 2-164　绘制圆　　　　　　　　　　　图 2-165　圆形【轨迹生成】对话框

5）设定坐标（15，0）为穿丝点（引入线起点），然后单击鼠标左键选取切入点，选择加工方向，并单击鼠标右键确定，生成图 2-166 所示的轨迹。发送轨迹到加工系统，也可以通过后处理功能保存轨迹文件，再打开加工系统。

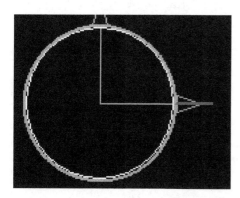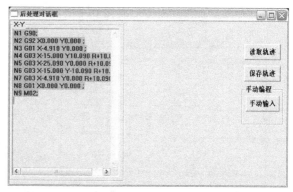

图 2-166　圆形轨迹及后处理对话框

6）进入 NSC-WireCut 加工控制系统，选择加工模式，然后通过【文件】按钮 ^{文件} 打开并加载之前保存的轨迹文件，轨迹图形会在加工图形显示区显示，如图 2-167 所示。

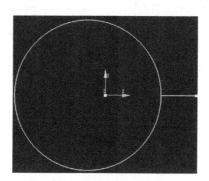

图 2-167　圆形轨迹显示

7）设定电参数、机床参数后（在图 2-168 所示对话框中编辑参数，具体数值请按实际需要设置），打开贮丝筒、水泵，加工模式选择【切割】，选择一种运动模式，如【正向自动】，单击【开始】按钮开始进行加工，开始加工时自动打开高频，停止加工时自动关闭高频。

图 2-168　电参数、机床参数设置

【任务训练与考核】

1. 任务训练

图 2-169 所示为方形型芯电极，采用 NSC-WireCut 软件对其进行程序编制及加工。

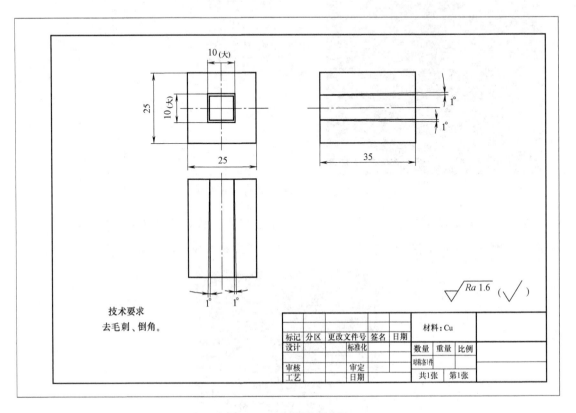

图 2-169 方形型芯电极

2. 任务考核（表 2-16）

表 2-16 方形型芯电极电火花线切割加工编程加工任务考核卡

任务考核项目	考核内容	参考分值	考核结果	考核人
素质目标考核	遵守规则	5		
	课堂互动	10		
	团队合作	5		
知识目标考核	穿丝点的设置	5		
	切入点的设置	5		
	锥度参数设置	15		
	加工电参数设置	15		
能力目标考核	方形型芯电极图形绘制及轨迹生成	20		
	方形型芯电极的装夹及加工控制	20		

【思考与练习】

1. NSC-WireCut 软件有哪些基本功能？

2. NSC-WireCut 软件绘图界面中，图形绘制显示区的作用是什么？

3. NSC-WireCut 软件中，视图工具功能具体有哪些？

4. NSC-WireCut 软件中，图形编辑功能具体有哪些？

5. 加工尺寸为 10mm×10mm 的方形凸模，进行多次切割，割 1 修 2，取电极丝直径为 0.18mm，单边放电间隙为 0.01mm。试采用 NSC-WireCut 软件编写其线切割加工程序（采用 ISO 格式）。

附　　录

附表 1　铜打钢最小损耗参数表

条件号	面积/cm²	安全间隙/mm	放电间隙/mm	加工速度/(mm³/min)	损耗(%)	侧面表面粗糙度Ra/μm	底面表面粗糙度Ra/μm	极性	空载电压/V	管数	脉冲宽度/μs	电容/F	脉冲间隔/μs	基准电压/V	伺服速度/(mm/s)	脉冲间隙/μs	基准电压/V
100			0.01					−	100	3	2	0	2	85	8	2	85
101		0.046	0.035			0.56	0.7	+	100	2	9	0	6	80	8	2	65
103		0.055	0.045			0.8	1	+	100	3	11	0	7	80	8	2	65
104		0.065	0.05			1.2	1.5	+	100	4	12	0	8	80	8	2	64
105		0.085	0.055			1.5	1.9	+	100	5	13	0	9	75	8	2	60
106		0.12	0.065			2	2.6	+	100	6	14	0	10	75	10	2	58
107		0.17	0.095			3.04	3.8	+	100	7	16	0	12	75	8	3	52
108	1.00	0.27	0.16	13	0.1	3.92	5	+	100	8	17	0	13	75	10	4	52
109	2.00	0.4	0.23	18	0.05	5.44	6.8	+	100	9	19	0	15	75	12	6	52
110	3.00	0.56	0.31	34	0.05	6.32	7.9	+	100	10	20	0	16	70	12	7	52
111	4.00	0.68	0.36	65	0.05	6.8	8.5	+	100	11	20	0	16	70	15	7	52
112	6.00	0.8	0.45	110	0.05	9.68	12.1	+	100	12	21	0	16	65	15	8	52
113	8.00	1.15	0.57	165	0.05	11.2	14	+	100	13	24	0	16	65	15	11	52
114	12.00	1.31	0.7	265	0.05	12.4	15.5	+	100	14	25	0	16	58	15	12	52
115	20.00	1.65	0.89	317	0.05	13.4	16.7	+	100	15	26	0	17	58	15	13	52

附表 2　铜打钢标准型参数表

条件号	面积/cm²	安全间隙/mm	放电间隙/mm	加工速度/(mm³/min)	损耗(%)	侧面表面粗糙度Ra/μm	底面表面粗糙度Ra/μm	极性	空载电压/V	管数	脉冲宽度/μs	电容/F	脉冲间隔/μs	基准电压/V	伺服速度/(mm/s)	脉冲间隙/μs	基准电压/V
121		0.047	0.035			0.6	0.75		100	2	8	0	4	80	8	0	65
123		0.051	0.4			0.8	1		100	3	8	0	4	80	8	0	65
124		0.057	0.045			1.08	1.35		100	4	10	0	6	80	8	0	64

（续）

条件号	面积 /cm²	安全间隙 /mm	放电间隙 /mm	加工速度 /(mm³/min)	损耗 (%)	侧面表面粗糙度 Ra/μm	底面表面粗糙度 Ra/μm	极性	空载电压 /V	管数	脉冲宽度 /μs	电容 /F	脉冲间隔 /μs	基准电压 /V	伺服速度 /(mm/s)	脉冲间隙 /μs	基准电压 /V
125		0.078	0.05			1.44	1.8		100	5	10	0	6	75	8	1	60
126		0.11	0.06			2.24	2.8		100	6	11	0	7	75	10	2	58
127		0.155	0.08			3.28	4.1		100	7	12	0	8	75	10	2	53
128	1.00	0.24	0.14	22	0.4	4.16	5.2		100	8	15	0	11	75	10	3	52
129	2.00	0.35	0.2	28	0.25	5.2	6.5		100	9	17	0	13	75	12	4	52
130	3.00	0.5	0.26	51	0.25	5.6	7		100	10	18	0	13	70	12	5	52
131	4.00	0.61	0.31	85	0.25	6.88	8.6		100	11	18	0	13	70	12	5	52
132	6.00	0.72	0.36	125	0.25	9.68	12.1		100	12	19	0	14	65	15	6	52
133	8.00	1	0.53	200	0.15	12.2	15.2		100	13	22	0	14	65	15	9	52
134	12.00	1.25	0.64	320	0.15	13.4	16.7		100	14	23	0	14	58	15	10	52
135	20.00	1.6	0.85	390	0.15				100	15	25	0	16	58	15	12	52

附表3　铜打钢最大去除率参数表

条件号	面积 /cm²	安全间隙 /mm	放电间隙 /mm	加工速度 /(mm³/min)	损耗 (%)	侧面表面粗糙度 Ra/μm	底面表面粗糙度 Ra/μm	极性	空载电压 /V	管数	脉冲宽度 /μs	电容 /F	脉冲间隔 /μs	基准电压 /V	伺服速度 /(mm/s)	脉冲间隙 /μs	基准电压 /V
141		0.046	0.035			0.56	0.70	+	100	2	9	0	6	80	8	2	65
142		0.055	0.045			0.8	1.00	+	100	3	11	0	7	80	8	2	64
143		0.065	0.050			1.20	1.50	+	100	4	12	0	8	80	8	2	64
144		0.085	0.055			1.60	2.00	+	100	5	13	0	9	75	8	2	60
145		0.120	0.065			2.00	2.50	+	100	6	14	0	10	75	10	2	58
146		0.130	0.070			2.40	3.00	+	100	7	8	0	4	75	10	1	55
147		0.180	0.095	25.0	5.00	3.30	4.00	+	100	8	11	0	6	75	10	3	52
148	1.00	0.270	0.130	36.0	2.50	3.68	4.60	+	100	8	12	0	7	75	12	3	52
149	2.00	0.310	0.170	40.0	1.80	4.40	5.50	+	100	9	13	0	8	75	12	3	52
150	3.00	0.450	0.230	68.0	1.00	5.12	6.40	+	100	10	15	0	10	70	12	4	52
151	4.00	0.570	0.280	100.0	0.90	6.96	8.70	+	100	11	16	0	11	70	12	6	52
152	6.00	0.650	0.320	135.0	0.80	9.76	12.20	+	100	12	17	0	11	65	15	5	52
153	8.00	0.920	0.450	225.0	0.40	11.80	14.80	+	100	13	20	0	12	65	15	7	52
154	12.00	1.160	0.560	340.0	0.40	13.80	17.20	+	100	14	21	0	15	58	15	8	52
155	20.00	1.520	0.770	450.0	0.40			+	101	15	23	0	15	58	15	10	52

附表 4　细石墨打钢最小损耗型参数表

条件号	面积/cm²	安全间隙/mm	放电间隙/mm	加工速度/(mm³/min)	损耗(%)	侧面表面粗糙度Ra/μm	底面表面粗糙度Ra/μm	极性	空载电压/V	管数	脉冲宽度/μs	电容/F	脉冲间隔/μs	基准电压/V	伺服速度/(mm/s)	脉冲间隔/μs	基准电压/V
301		0.010	0.010					−	100	2	2	0	1	80	8	1	85
303		0.015	0.015			0.56	0.70	+	100	2	4	0	3	80	8	3	65
304		0.065	0.050			1.20	1.50	+	100	4	9	0	7	80	8	3	65
306		0.110	0.070			2.40	2.70	+	100	6	12	0	12	80	10	3	64
307		0.160	0.100			2.0	3.60	+	100	7	12	0	13	80	10	3	60
308	1.00	0.200	0.120	16.0	0.30	3.36	4.00	+	100	8	13	0	13	80	10	4	58
309	2.00	0.230	0.170	27.0	0.20	4.00	5.00	+	100	9	13	0	13	75	12	5	52
310	3.00	0.300	0.200	58.0	0.15	4.56	5.70	+	100	10	14	0	13	75	12	5	52
311	4.00	0.390	0.260	81.0	0.10	6.24	7.20	+	100	11	15	0	13	75	12	6	52
312	6.00	0.450	0.280	120.0	0.10	7.76	9.70	+	100	12	15	0	13	70	15	6	52
313	8.00	0.600	0.330	180.0	0.05	8.96	11.20	+	100	13	16	0	13	70	15	7	52
314	12.00	0.660	0.360	320.0	0.05	9.60	12.00	+	100	14	16	0	14	70	15	8	52
315	20.00	0.800	0.400	380.0	0.05			+	100	15	17	0	14	65	15	10	52

附表 5　细石墨打钢标准型参数表

条件号	面积/cm²	安全间隙/mm	放电间隙/mm	加工速度/(mm³/min)	损耗(%)	侧面表面粗糙度Ra/μm	底面表面粗糙度Ra/μm	极性	空载电压/V	管数	脉冲宽度/μs	电容/F	脉冲间隔/μs	基准电压/V	伺服速度/(mm/s)	脉冲间隔/μs	基准电压/V
321		0.015	0.015			0.56	0.70	+	100	2	4	0	3	80	8	3	70
322		0.020	0.020			0.80	1.00	+	100	3	5	0	3	80	8	3	70
323		0.025	0.025			1.07	1.34	+	100	3	6	0	4	80	8	3	70
324		0.065	0.50			1.36	1.70	+	100	4	9	0	7	80	8	3	66
325		0.075	0.055			1.76	2.20	+	100	5	9	0	10	80	10	3	64
326		0.100	0.060			2.32	2.90	+	100	6	10	0	11	80	10	3	56
327		0.150	0.090			2.88	3.60	+	100	7	10	0	11	75	10	3	55
328	1.00	0.190	0.110	18.0	0.80	3.12	3.90	+	100	8	12	0	12	75	12	4	52
329	2.00	0.210	0.150	31.0	0.80	3.76	4.70	+	100	9	12	0	12	75	12	5	52
330	3.00	0.270	0.180	62.0	0.50	4.56	5.70	+	100	10	13	0	12	70	12	5	52
331	4.00	0.340	0.230	90.0	0.30	5.60	7.00	+	100	11	14	0	12	70	15	6	52
332	6.00	0.400	0.260	125.0	0.30	7.60	9.50	+	100	12	14	0	12	71	15	5	52
333	8.00	0.540	0.300	185.0	0.30	9.28	11.60	+	100	13	15	0	13	71	15	5	52
334	12.00	0.600	0.320	320.0	0.20	10.70	13.40	+	100	14	15	0	13	65	15	8	52
335	20.00	0.750	0.380	380.0	0.15			+	100	15	16	0	13	65	15	10	52

附表6　细石墨打钢最大去除率参数表

条件号	面积/cm²	安全间隙/mm	放电间隙/mm	加工速度/(mm³/min)	损耗/(%)	侧面表面粗糙度Ra/μm	底面表面粗糙度Ra/μm	极性	空载电压/V	管数	脉冲宽度/μs	电容/F	脉冲间隔/μs	基准电压/V	伺服速度/(mm/s)	脉冲间隙/μs	基准电压/V
341			0.015			0.56	0.70	+	100	2	4	0	3	80	8	2	70
342			0.020			0.8	1.00	+	100	3	5	0	3	80	8	2	68
343			0.025			0.96	1.20	+	100	4	6	0	4	80	8	2	66
344		0.050	0.030			1.20	1.50	+	100	5	7	0	6	80	8	3	65
345		0.056	0.035			1.44	1.80	+	100	6	7	0	6	80	8	2	64
346		0.085	0.050			1.68	2.10	+	100	7	8	0	8	80	10	2	56
347		0.120	0.060			2.16	2.70	+	100	8	8	0	8	75	10	3	55
348		0.150	0.095	20.0	6.50	2.88	3.60	+	100	9	10	0	10	75	10	4	52
349	1.00	0.170	0.130	33.0	4.00	3.60	4.50	+	100	9	10	0	10	75	12	4	53
350	2.00	0.210	0.150	66.0	3.00	4.08	5.10	+	100	10	11	0	10	70	12	5	52
351	3.00	0.230	0.170	95.0	3.00	5.28	6.60	+	100	11	11	0	10	70	12	6	52
352	4.00	0.320	0.210	125.0	2.50	5.76	7.20	+	100	12	12	0	10	70	15	6	52
353	6.00	0.420	0.260	185.0	1.00	6.40	8.00	+	100	13	13	0	10	65	15	7	52
354	8.00	0.510	0.300	330.0	0.65	8.40	10.50	+	100	14	14	0	12	65	15	8	52
355	12.00	0.650	0.350	390.0	0.50			+	101	15	15	0	12	65	15	10	52

参 考 文 献

[1] 伍端阳. 数控电火花加工现场应用技术精讲 [M]. 北京：机械工业出版社，2009.

[2] 唐秀兰，王乐. 电加工实训教程 [M]. 北京：机械工业出版社，2014.

[3] 刘志东，高长水. 电火花加工工艺及应用 [M]. 北京：国防工业出版社，2011.

[4] 贾立新. 电火花加工实训教程 [M]. 2 版. 西安：西安电子科技大学出版社，2015.

[5] 蒙坚，丘立庆. 零件数控电火花加工 [M]. 3 版. 北京：北京理工大学出版社，2016.